Ranjeeta Chatterjee

Efeito tóxico do ftalato no rato albino e recuperação com extrato de aipo

Ranjeeta Chatterjee

Efeito tóxico do ftalato no rato albino e recuperação com extrato de aipo

ScienciaScripts

Imprint

Any brand names and product names mentioned in this book are subject to trademark, brand or patent protection and are trademarks or registered trademarks of their respective holders. The use of brand names, product names, common names, trade names, product descriptions etc. even without a particular marking in this work is in no way to be construed to mean that such names may be regarded as unrestricted in respect of trademark and brand protection legislation and could thus be used by anyone.

Cover image: www.ingimage.com

This book is a translation from the original published under ISBN 978-620-2-05354-9.

Publisher:
Sciencia Scripts
is a trademark of
Dodo Books Indian Ocean Ltd. and OmniScriptum S.R.L publishing group

120 High Road, East Finchley, London, N2 9ED, United Kingdom
Str. Armeneasca 28/1, office 1, Chisinau MD-2012, Republic of Moldova, Europe
Printed at: see last page
ISBN: 978-620-7-76209-5

Este trabalho é dedicado a

Sra. Anita Bhattacharjee e

Sr. Hitendra Bhattacharjee,

os meus pais,

que são a inspiração do meu trabalho

Reconhecimento

Em primeiro lugar, a autora gostaria de exprimir a sua gratidão à Comissão da Universidade de Rants, por ter proporcionado a oportunidade de realizar este projeto de investigação, aprovando e sancionando o fundo para a investigação.

A autora expressa o seu profundo sentimento de gratidão ao seu orientador de doutoramento, o Prof. Dr. Nisarga Sundar Sen, Ph.D., F'.Z.S.I., Rtd. Dr. Nisarga Sundar Sen, Ph.D., F'.Z.S.I., Rtd. Professor, Department of Zoology, Ranchi 'University, Ranchi e Dr. Biplab Dasgupta, Ex-Doctor-in-charge, Medical Research Centreof Tata Main Hospital pelas suas sugestões e bênçãos para a presente investigação.

A autora gostaria de expressar a sua gratidão ao Dr. Manohar Patil, Diretor e ao Dr. Prasad Kadam, responsável pelo biotério da Marathwada Mitra Mandals College of Pharmacy, Chinchwad, Pune, pela sua ajuda na experimentação animal. O autor não podia esquecer o encorajamento, as sugestões informativas, as instruções construtivas e os conselhos práticos do Dr. Bimalendu B. Nath, responsável pelo Departamento de Biotecnologia da Universidade de SP Pune e do Dr. R. S. Pandit, diretor do Departamento de Zoologia da Universidade de SP Pune.

A autora aproveita também a oportunidade para agradecer ao Dr. Nitin Ghorpade, o ex-diretor, e ao Dr. Manohar Chaskar, o diretor da organização, PDEA 's Prof. Ramkrishna More Arts, Commerce and Science College, Akurdi, Pune, onde a autora está a trabalhar. Está igualmente grata aos seus colegas, ao Dr. A. J. Khandagle, ao Vice-Diretor de Ciências, ao Dr. A.A. Shaikh, ao Chefe do Departamento de Zoologia e à Dra. Rashmi Morey, pela sua cooperação e ajuda.

A autora aproveita esta oportunidade para exprimir o seu profundo e inexplicável agradecimento à Sra. Anita Bhattacharjee e ao Sr. Hitendra Bhattacharjee, seus pais, ao Sr. Palas Chatterjee, seu marido e filho, Mestre Rahul Chatterjee, pela sua ajuda, cooperação e sacrifício durante o trabalho.

A autora exprime também os seus sinceros agradecimentos a todas as outras pessoas, cujos nomes não estão indicados, mas que, de qualquer modo, a ajudaram durante o seu projeto e durante a preparação do manuscrito, direta ou indiretamente.

Índice

INTRODUÇÃO GERAL

Um plastificante é uma substância que, quando adicionada a um material, normalmente um plástico, o torna flexível, resistente e fácil de manusear. Os primeiros exemplos de plastificantes incluem a água para amolecer a argila e óleos para plastificar o piche para impermeabilizar barcos antigos. Existem mais de 300 tipos diferentes de plastificantes, dos quais cerca de 50-100 são utilizados comercialmente. Os mais utilizados são os ftalatos e os adipatos (Gray *et al* 1977).

Os plásticos de policloreto de vinilo (PVC) são utilizados na produção de uma vasta gama de dispositivos médicos e na indústria dos cuidados de saúde, incluindo sacos de sangue, sacos de recolha de plasma, sacos de diálise, cateteres e luvas. Esta vasta gama de utilização de PVC plastificado em dispositivos é atribuída a várias razões, incluindo a flexibilidade, a estabilidade química, a possibilidade de esterilização, o baixo custo e a grande disponibilidade. O PVC é um polímero único devido à sua capacidade de aceitar grandes quantidades de aditivos para obter qualidades específicas. Trata-se de um polímero relativamente rígido e quebradiço. A flexibilidade é conseguida através da adição de plastificantes químicos. Os plastificantes são compostos orgânicos adicionados ao PVC para facilitar o processamento e aumentar a flexibilidade e a resistência do produto final através da modificação interna da molécula do polímero. Existem mais de 300 tipos diferentes de plastificantes descritos, dos quais cerca de 50 a 100 são utilizados comercialmente (Kambia *et al.*, 2008). O ftalato de di (2-etil-hexilo) (DEHP) é o mais comummente utilizado.

O DEHP é um composto lipofílico que pode ser absorvido através da pele e dos pulmões tanto pelos seres humanos como pelos roedores. A população em geral está exposta ao DEHP principalmente por via oral. A exposição em adultos varia entre alguns µg e 25-30 µg /kg de peso corporal/dia. Existem diferenças importantes entre populações e indivíduos associadas a vários hábitos alimentares e estilos de vida. Os bebés e as crianças estão expostos a níveis mais elevados do que os adultos; numa base de peso corporal. Não existe uma ligação covalente entre o DEHP e os plásticos em que é misturado. Por isso, são facilmente libertados dos produtos para os contaminantes ambientais.

A maioria das espécies animais metaboliza rapidamente o DEHP em ftalato de monoetil-hexilo (MEHP) e 2-etil-hexanol (2-EH). Por clivagem hidrolítica, mas em doses elevadas, algum DEHP não metabolizado também pode ser absorvido (Wittassek e Angerer, 2008).

O DEHP é o análogo de cadeia ramificada do DnOP e é composto por um par de ésteres de oito carbonos ligados a um anel de ácido benzeno-dicarboxílico. As cadeias laterais do éster ramificado estão numa configuração orto, em contraste com as encontradas nos isoftalatos (meta) ou tereftalatos (para). O DEHP é um dos vários plastificantes (apêndice 4) utilizados na produção de plásticos de cloreto de polivinilo, acetato de polivinilo, borrachas, plásticos de celulose e resinas de poliuretano.

Di (2-ethylhexyl) phthalate (DEHP)
$C_{24}H_{38}O_4$; $C_6H_4[COOCH_2CH(C_2H_5)(CH_2)3CH_3]_2$; MW = 390.56

Os produtos que contêm DEHP podem ser considerados "perigosos" se as exposições a médio ou longo prazo a populações masculinas durante o "manuseamento e utilização razoavelmente previsíveis" excederem as DDA de duração intermédia ou de longo prazo para a reprodução (0,037 e 0,0058 mg DEHP/kg de peso corporal-dia, respetivamente). Além disso, os produtos que contêm DEHP podem ser considerados "perigosos" se as exposições a populações femininas reprodutivamente viáveis (13 a 49 anos de idade) durante o "manuseamento e utilização razoavelmente previsíveis" excederem a DDA para o desenvolvimento (0,011 mg DEHP/kg de peso corporal-dia). O DEHP também é produzido naturalmente em algas vermelhas *(Bangia atropurpúrea)*, mas não em algas verdes *(Ulva* sp.) ou algas castanhas *(Undaria pinnatifida, Laminaria japónica).* O DEHP produzido em algas vermelhas não é, contudo, utilizado comercialmente (Ito *et al.,* 2005).

A ação biológica do DEHP é muito semelhante à dos produtos químicos conhecidos coletivamente como proliferadores de peroxissoma (PPs), que estão associados ao aumento da proliferação celular e à supressão da apoptose. Pensa-se que as espécies reactivas de oxigénio estão intimamente associadas ao DEHP através da formação de peróxido de hidrogénio e de outros oxidantes que produzem danos no ADN que podem conduzir a mutações e ao cancro (Roberts et al., 2007). A exposição a longo prazo está associada ao desenvolvimento de adenomas e carcinomas hepatocelulares. A maioria dos estudos anteriores disponíveis centrava-se nos aspectos histopatológicos da exposição ao DEHP (Ito *et al.,* 2005). Por conseguinte, o objetivo deste trabalho é lançar mais luz sobre as alterações bioquímicas do fígado de ratos albinos machos adultos após a exposição ao DEHP.

O ftalato de di(2-etil-hexilo) (DEHP) e o adipato de di(2-etil-hexilo) (DEHA) são considerados de baixa toxicidade aguda em algumas espécies animais, incluindo o homem. No entanto, a administração oral repetida de DEHP em doses elevadas a espécies de roedores produziu alterações bioquímicas e morfológicas no fígado e nos testículos. Embora o saguim metabolize o DEHP, apresenta as mesmas diferenças características em relação ao rato que outras espécies de primatas. O saguim parece ser menos sensível aos efeitos dos proliferadores de peroxissoma, como o DEHP e os fármacos hipolipidémicos. Estas diferenças metabólicas podem explicar esta diferença entre espécies. Este facto reveste-se de particular interesse, uma vez que a proliferação dos peroxissomas não foi observada em biópsias hepáticas obtidas de seres humanos que tinham recebido um tratamento clínico prolongado com hipolipidémicos (cerca de 0,15 mmole de hipolipidémico/kg/dia) (Warren *et al.* 1982).

A ecotoxicologia é um dos domínios multidisciplinares da ciência ambiental, que tenta compreender o que se passa na natureza e a que riscos o ambiente está exposto. É, por conseguinte, um instrumento essencial na luta contra a poluição, apoiando políticas, leis, normas e métodos de controlo ambientais. Este domínio foi desenvolvido para estudar, tanto qualitativa como quantitativamente, os impactos das substâncias químicas nos sistemas biológicos. Assim, para avaliar os impactos adversos de uma substância química nos organismos vivos em condições normalizadas e reprodutíveis, são efectuados testes de toxicidade. Para tal, está a ser desenvolvido em laboratório um sistema simulado que imita o ambiente natural.

O rato albino é um bom modelo de mamífero para estudar a toxicidade. É um rato da espécie *Rattus norvegicus* (rato castanho) que é criado e mantido para investigação científica. Os ratos têm servido como um importante modelo animal para a investigação em psicologia e ciências biomédicas. A ratazana começou a ser utilizada na investigação laboratorial em diferentes áreas. A primeira colónia de ratos na América utilizada para investigação nutricional foi iniciada em janeiro de 1908 e, em seguida, as necessidades nutricionais dos ratos foram utilizadas para determinar os pormenores da nutrição proteica. A função reprodutiva dos ratos foi estudada no Instituto de Biologia Experimental, na Universidade da Califórnia. A genética dos ratos foi estudada em 1994. Há muito que os ratos são utilizados na investigação do cancro (Oloyede et al., 2003b).

A importância histórica desta espécie para a investigação científica reflecte-se na quantidade de literatura sobre ela, cerca de 50% mais do que sobre os ratos de laboratório. Os ratos de laboratório são frequentemente sujeitos a dissecação ou microdiálise para estudar os efeitos internos nos órgãos e no cérebro, por exemplo, para a investigação do cancro ou farmacológica. Os ratos de laboratório não sacrificados podem ser submetidos a eutanásia ou, em alguns casos, tornar-se animais de estimação (Oloyede et al., 2003b).

Os estudos bioquímicos do sangue para compreender a atividade das enzimas hepáticas são um bom indicador de poluição. As alterações na bioquímica do sangue após exposição a vários tóxicos foram estudadas por muitos trabalhadores anteriormente (Thorpe et al 1982). Os efeitos agudos, crónicos e a longo prazo dos compostos químicos nos sistemas vivos podem ser estudados através da avaliação das alterações bioquímicas e morfológicas em vários órgãos, especialmente no fígado. O componente estrutural básico do fígado são as células hepáticas ou heaptócitos. O fígado é o principal órgão do metabolismo e tem um papel a desempenhar em muitos processos corporais, sobretudo na desintoxicação de compostos químicos. Estudos de investigação mostraram uma variedade de efeitos adversos nos hepatócitos de ratos e peixes-gato após exposição a compostos tóxicos para o ambiente (Oloyede et al., 2003b).

O autor realizou o estudo durante um período de dois anos (2015 - 2017), e os resultados obtidos foram analisados à luz dos conhecimentos mais recentes da literatura e da interpretação estatística no estudo toxicológico e foram apresentados em dois capítulos.

O capítulo I regista os dados obtidos nos estudos bioquímicos do sangue da ratazana albina *Rattus norvegicus,* exposta a uma concentração subletal de ftalato de di (2-etil-hexilo) (DEHP) durante 96 horas.

O capítulo II apresenta os dados bioquímicos do sangue da ratazana albina *Rattus norvegicus*, após tratamento com extractos de sementes de aipo, exibindo um estado de recuperação.

Ramkrishna More Arts, Commerce and Science College, Akurdi, Pune, por um período de dois anos (2015 - 2017). Parte do trabalho foi efectuada na Faculdade de Farmácia de Marathwada Mitramandal, Chinchwad, Pune.

REVISÃO HISTÓRICA

O DEHP é um plastificante comummente utilizado numa variedade de produtos de consumo. O ftalato de di-(2-etil-hexilo) (DEHP) é um diéster aromático amplamente utilizado como plastificante em resinas de cloreto de polivinilo (PVC) para o fabrico de produtos de vinil flexíveis (Green et al., 2005). Uma fração substancial da população mundial está exposta a níveis mensuráveis de DEHP devido à sua utilização generalizada em produtos de consumo. As principais vias de exposição humana potencial ao DEHP são a inalação, a ingestão, o contacto dérmico e através de dispositivos médicos (ASTDR, 1993). A exposição alimentar ao DEHP ocorre através da migração do plastificante das embalagens de alimentos e do ambiente, onde existe como contaminante na água potável e nos alimentos aquáticos (OMS, 1992).

O DEHP é uma hepatotoxina bem conhecida nos animais. O DEHP pertence a uma classe de substâncias químicas denominadas proliferadores de peroxissomas (PP) (Moody e Reddy, 1978), uma vez que estimula a proliferação de peroxissomas hepáticos e produz hipertrofia hepática, hiperplasia e tumores (Rusyn et al., 2006).

O Apium graveolens (Apiaceae) é uma das plantas mais conhecidas e utilizadas na história da humanidade como medicamento ou especiaria. É vulgarmente conhecida como "Ajmod" e os frutos são popularmente conhecidos como sementes de aipo. No sistema medicinal tradicional indiano, as sementes são utilizadas para tratar bronquite, asma, doenças do fígado e do baço (Satyavati e Raina, 1976). Estudos experimentais mostraram que A. graveolens possui propriedades antibacterianas, nematicidas, antifúngicas, mosquitocidas (Momin e Nai, 2001a), anti-agregação (Teng et al., 1985), anti-inflamatórias e analgésicas (Atta e Alkofahi, 1998; Lewis et al., 1985).

Foi relatado o efeito hepatoprotector do extrato metanólico de sementes de A. graveolens em ratos contra vários hepatotóxicos (Ahmed et al., 2002; Singh e Handa, 1995). O efeito inibitório do extrato de sementes de aipo na hepatocarcinogénese induzida quimicamente foi observado por Sultana et al. (2005). Além disso, o extrato de folhas também demonstrou a sua eficácia na redução do stress oxidativo induzido por CCl4 em ratos. Além disso, também foi registado que modula a toxicidade reprodutiva induzida pelo valproato de sódio (Hamza e Amin, 2007).

Estudos anteriores sobre a carcinogenicidade de vários ésteres de ftalato não tinham demonstrado efeitos semelhantes em doses mais baixas, mas a sua validade foi questionada. Estudos recentes confirmaram a ausência de ligação covalente do DEHP e do DEHA ao ADN, o que, em conjunto com outros testes negativos de mutagenicidade a curto prazo, dá um apoio adicional à hipótese alternativa do oxigénio reativo produzido pela proliferação persistente dos peroxissomas hepáticos como iniciador da transformação neoplásica das células hepáticas. Um fator crítico na extrapolação dos roedores para o homem é saber se estes efeitos ocorrem noutras espécies. Estudos com o medicamento hipolipidémico ciprofibrato em várias espécies mostraram que a indução dos peroxissomas é um fenómeno dependente da dose e não específico da espécie (Rhodes *et al.* 1986).

O ACP catalisa a remoção do grupo fosforilo de um éster de fosfato num meio ácido. Encontra-se em todo o organismo (Nelson e Cox, 2000). No entanto, os danos nos tecidos, incluindo fígado, rins, coração, glóbulos vermelhos, etc., provocam uma diminuição do nível tecidular de ACP (Moul et al., 1998). A ALP catalisa a hidrólise de fosfatos orgânicos a um pH alcalino. A atividade da ALP dá uma indicação da possibilidade de doenças hepáticas (Nelson e Cox, 2000).

O aumento do rácio ALT/AST pode ser indicativo da extensão dos danos celulares (Adeyemi *et al.,* 2008). Adeyemi *et al.* (2008) referiram que a perda de atividade da AST (Aspertato Transaminase e ALT (Alanina Transaminase) nos tecidos pode ser interpretada como um compromisso da integridade dos tecidos. Embora a ALT e a AST sejam enzimas "marcadoras" do fígado, acredita-se que qualquer alteração a nível subcelular pode afetar a atividade destas enzimas noutros tecidos (Adeyemi et al., 2008).

Os estudos bioquímicos do sangue são um bom indicador de toxicidade. As alterações na bioquímica do sangue após a exposição a vários tóxicos foram estudadas por muitos trabalhadores (Verma *et al.,* 1952; Bisson e Hontela, 2002; Tripathi e Verma, 2004; Dorval et al.,2003; Gupta e Dhillon, 2000). O impacto do ftalato em vários parâmetros bioquímicos do sangue dos peixes foi investigado anteriormente. No entanto, existem menos dados disponíveis sobre a bioquímica do sangue para as enzimas hepáticas em ratos albinos machos, expostos ao DEHP. A recuperação de hepatócitos e de enzimas hepáticas utilizando o extrato de sementes de aipo foi efectuada no presente estudo, o que é pouco explorado anteriormente.

CAPÍTULO 1

Estudos bioquímicos da hematologia de ratos albinos machos adultos expostos ao ftalato de di-(2-etil-hexilo)

Estudos bioquímicos da hematologia de ratos albinos machos adultos expostos ao ftalato de di-(2-etil-hexilo) Introdução:

1.0 Introdução

Os efeitos dos produtos químicos nos parâmetros hematológicos foram estudados por muitos trabalhadores (Panigrahi e Mishra, 1978; Srivastava e Mishra, 1979; Sastry e Sharma, 1980; Kumari e Banerjee, 1986; Goel e Gupta, 1985) em várias espécies. Os parâmetros sanguíneos são indicadores valiosos para monitorizar a carga poluente, o stress e as doenças causadas por substâncias tóxicas (Calabrese *et al*, 1975). Sabe-se que os parâmetros hematológicos flutuam com os factores ecofisiológicos, que são frequentemente sujeitos a alterações rápidas devido a vários tipos de poluição.

O fígado é o órgão que possui as enzimas que podem ser um bom indicador de danos nos tecidos, bem como de doenças malignas e também de alterações destrutivas dos ossos. As enzimas fosfatases alcalina e ácida são sintetizadas pelo fígado e são bons indicadores do estado hepático do rato. Por conseguinte, podem ser efectuadas investigações para compreender os impactos da poluição nestes parâmetros bioquímicos.

A fosfatase ácida (ACP) é uma enzima proteica presente no fígado (fosfohidrolase monoéster ortofosfórica) com um peso molecular de 100 000 Daltons (varia consoante as isoenzimas). A ACP é utilizada para libertar grupos fosfato ligados a outras moléculas durante a digestão. É armazenada nos lisossomas e funciona quando estes se fundem com os endossomas, que são acidificados enquanto funcionam; por conseguinte, tem um pH ácido ótimo. Encontram-se diferentes formas de fosfatase ácida em diferentes órgãos e os seus níveis séricos são utilizados como diagnóstico de doenças nos órgãos correspondentes. É uma fosfatase não específica que apresenta uma atividade máxima perto do pH 5,0 e catalisa a hidrólise de um monoéster ortofosfórico para produzir um álcool e um novo éster de fosfato (Pesce e Kaplan, 1987).

$$R_1\text{-O-PO}_3H_2 \; + \; R_2\text{-OH} \quad \xrightarrow[\text{pH 5-6}]{\text{ACP}} \quad R_1\text{-OH} \quad + \quad R_2\text{-O-PO}_3H_2$$

Org. phosphate   Alcohol   New Alcohol   New Phosphate
ester   ester

No ser humano, o nível de fosfatase ácida aumenta em caso de malignidade da próstata ou em caso de deformações ósseas, como no caso da osteomalácia. A fosfatase ácida resistente ao tartarato é detectada no soro em quantidades elevadas que acompanham a reabsorção óssea patológica. As duas principais isoenzimas da ACP são a ACP prostática e a ACP hepática, para além destas, uma isoenzima da ACP está presente nos eritrócitos e nas plaquetas (Henry, 1979).

A fosfatase alcalina é uma enzima proteica (fosfohidrolase de monoéster ortofosfórico) com um peso molecular de 70 000 a 1 20 000 (varia consoante as isoenzimas), sintetizada pelo fígado e que catalisa a conversão de fosfato inorgânico em forma orgânica. A fosfatase transfere uma porção de fosfato de um grupo para outro, formando um álcool e um segundo composto de fosfato. Quando a água é o aceitador de fosfato, forma-se ortofosfato inorgânico.

$$R\text{-O-PO}_3H \; + \quad H_2O \quad \xrightarrow[\text{pH > 9}]{\text{ALP}} \quad R\text{-OH} \quad + \quad H_2PO_4^-$$

Trata-se de uma enzima hidrolítica que actua de forma óptima a um pH alcalino (próximo de 10,0). Existe no sangue em numerosas formas distintas, originárias principalmente do osso e do fígado, mas também de outros tecidos como o rim, a placenta, o intestino, os testículos, o timo, o pulmão e os tumores. As principais isoenzimas encontradas são as do osso, do fígado, da placenta, do intestino, do rim e do Regan (fetal). Os aumentos fisiológicos são encontrados durante o crescimento ósseo (e em caso de gravidez no ser humano), enquanto os aumentos patológicos estão largamente associados a doenças hepatobiliares e ósseas. Nas doenças hepatobiliares, indicam obstrução do ducto biliar (como na colestase causada por cálculos biliares no ser humano), tumores ou inflamação. Também se observam actividades elevadas na hepatite infecciosa. Nas doenças ósseas, as actividades elevadas da ALP têm origem no aumento das actividades osteoblásticas (Thomas, 1998; Moss, 1999). A ALP no soro está presente quer como isoenzimas não ligadas, quer como complexos com lipoproteínas ou, raramente, com imunoglobulinas. O seu papel exato difere de local para local. A ALP no fígado existe predominantemente no trato biliar e é, por isso, um marcador de disfunção biliar (Henry, 1979). A ALP necessita de iões Mg^{++} e Zn^{++} para a sua estabilidade e atividade máxima; é inibida por Ca^{++} e fosfato inorgânico (Pesce e Kaplan, 1987).

A aspartato transaminase (AST) ou aspartato aminotransferase, também conhecida como transaminase glutâmico-oxaloacética sérica (SGOT), é uma enzima transaminase dependente de fosfato de piridoxal (PLP) que foi descrita pela primeira vez por Arthur Karmen *et al* em 1954. A AST catalisa a transferência reversível de um grupo α-amino entre o aspartato e o glutamato e, como tal, é uma enzima importante no metabolismo dos aminoácidos. A AST encontra-se no fígado, no coração, no músculo esquelético, nos rins, no cérebro e nos glóbulos vermelhos. O nível sérico de AST, o nível sérico de ALT (alanina transaminase) e o seu rácio (rácio AST/ALT) são normalmente medidos clinicamente como biomarcadores da saúde do fígado. As análises fazem parte de painéis sanguíneos. A aspartato transaminase catalisa a interconversão de aspartato e α-cetoglutarato em oxaloacetato e glutamato.

Aspartate (Asp) + α-ketoglutarate $\xleftrightarrow{AST}$ oxaloacetate + glutamate (Glu)

Como transaminase prototípica, a AST depende do PLP (vitamina B6) como cofator para transferir o grupo amino do aspartato ou do glutamato para o cetoácido correspondente. No processo, o cofator alterna entre o PLP e a forma de fosfato de piridoxamina (PMP) (Kirsch *et al*, 1984). A transferência do grupo amino catalisada por esta enzima é crucial tanto na degradação como na biossíntese dos aminoácidos. Na degradação dos aminoácidos, após a conversão do a-cetoglutarato em glutamato, o glutamato sofre posteriormente uma desaminação oxidativa para formar iões de amónio, que são excretados sob a forma de ureia. Na reação inversa, o aspartato pode ser sintetizado a partir do oxaloacetato, que é um intermediário fundamental no ciclo do ácido cítrico (Berg *et al*, 2006).

A alanina transaminase (ALT) é uma enzima transaminase. É também designada por alanina aminotransferase (ALAT) e era anteriormente designada por transaminase glutamato-piruvato sérica (SGPT) ou foi caracterizada pela primeira vez em meados da década de 1950 por Arthur Karmen e colegas. A ALT encontra-se no plasma e em vários tecidos do corpo, mas é mais comum no fígado. Catalisa as duas partes do ciclo da alanina.

A ALT catalisa a transferência de um grupo amino da L-alanina para o α-cetoglutarato, sendo os produtos desta reação de transaminação reversível o piruvato e o L-glutamato.

$$\text{L-glutamate + pyruvate} \xleftrightarrow{\text{ALT}} \text{α-ketoglutarate + L-alanine}$$

A ALT é normalmente medida clinicamente como parte de uma avaliação diagnóstica de lesão hepatocelular, para determinar a saúde do fígado. Quando utilizada no diagnóstico, é quase sempre medida em unidades internacionais/litro (UI/L). Embora as fontes variem quanto aos valores específicos do intervalo de referência para os doentes, 10-40 UI/L é o intervalo de referência padrão para estudos experimentais. A alanina transaminase apresenta uma variação diurna acentuada. O rácio de ALT para AST (aspartato aminotransferase) também tem significado clínico (Wang *et al*, 2012).

Adeyemi *et al*. (2008) referiram que a perda de atividade da AST (Aspertato Transaminase) e da ALT (Alanina Transaminase) nos tecidos pode ser interpretada como um compromisso da integridade dos tecidos. Embora a ALT e a AST sejam enzimas "marcadoras" do fígado, acredita-se que qualquer alteração a nível subcelular pode afetar a atividade destas enzimas noutros tecidos (Adeyemi et al., 2008). O aumento do rácio ALT/AST pode ser indicativo da extensão do dano celular (Adeyemi *et al.*, 2008).

A lactato desidrogenase (LDH ou LD) é uma enzima presente em quase todas as células vivas (animais, plantas e procariotas). A LDH catalisa a conversão de lactato em ácido pirúvico e vice-versa, assim como converte NAD+ em NADH e vice-versa. Uma desidrogenase é uma enzima que transfere um hidreto de uma molécula para outra. As LDH existem em quatro classes distintas de enzimas. As LDH actuam sobre o D-lactato e/ou dependem do citocromo c. A LDH exprime-se amplamente nos tecidos do corpo, como as células sanguíneas e o músculo cardíaco. Como é libertada durante danos nos tecidos, é um marcador de lesões e doenças comuns, como a insuficiência cardíaca (Holms e Goldberg, 2009).

1.1 Protocolo experimental:

T Os ratos foram divididos aleatoriamente em 3 grupos de 5 animais cada. Os animais do grupo I serviram de controlo normal e receberam o veículo (óleo de milho). Os animais do grupo II receberam DEHP (1000mg/kg b.wt./dia em 0,5 ml de óleo de milho por rato) por intubação intra-gástrica. Os animais do grupo III receberam extrato de *A. graveolens* (300 mg/kg de peso corporal/dia p.o.) para além de DEHP (1000 mg/kg de peso corporal/dia). Todos os ratos receberam tratamento durante 6 semanas.

1.2 Material e métodos:

A determinação de ALP, ACP, AST, ALT e LDH foi efectuada através da determinação da densidade ótica utilizando um colorímetro no laboratório. Para os testes enzimáticos hepáticos, foram utilizados os kits enzimáticos adquiridos à Bioera Ltd.

1.3 Produtos químicos e reagentes:

Os produtos químicos e reagentes utilizados eram de grau analítico e da mais elevada pureza. O produto químico Di- (2-etil-hexilftalato) (DEHP) foi adquirido à S.K. Enterprises.

Os kits enzimáticos para ACP, ALP, AST, ALT e LDH foram recebidos da Bioera Ltd.

1.4 Colheita de sangue:

Foram utilizados no presente estudo ratos wistar machos adultos criados em colónias, com um peso de 150 - 175 g. Foram alojados em gaiolas bem ventiladas e mantidos em condições ambientais normais (22 ± 3°C, 60 - 70% de humidade relativa, 12 h de ciclo claro/escuro) e receberam ração normal para ratos (Lipton, India Pvt. ltd.) e água *ad libitum*. O Comité Institucional de Ética Animal aprovou o estudo. Os animais do grupo I, ou seja, o controlo normal, receberam o veículo (óleo de milho). Os animais do grupo II receberam DEHP (1000mg/kg b.wt./dia em 0,5 ml de óleo de milho por rato) por intubação intra-gástrica. Todos os ratos receberam tratamento durante 6 semanas.

A colheita de sangue de pequenos animais de laboratório é necessária para uma vasta gama de investigação científica e existem vários métodos eficazes para o efeito. É importante que a colheita de amostras de sangue de animais experimentais seja o menos stressante possível, uma vez que o stress afectará o resultado do estudo. Várias agências reguladoras e orientações restringiram a utilização de animais (Comité Institucional de Ética Animal) e as técnicas utilizadas para a colheita de sangue em animais de laboratório. Foi obtida a autorização do Comité de Ética Animal do Instituto para a utilização de animais para as técnicas. A amostra de sangue foi retirada de vasos sanguíneos venosos e arteriais. Antes da colheita do sangue, foi aplicada anestesia local na cauda e efectuado um corte a 1 mm da ponta da cauda com uma lâmina de bisturi. O sangue foi colhido e o fluxo sanguíneo foi interrompido com uma pancada na ponta da cauda.

1.5 Estimativa dos parâmetros bioquímicos do sangue:

As amostras de soro foram utilizadas para a estimativa das actividades das fosfatases alcalinas e das fosfatases ácidas séricas (Kind e King, 1954), da alanina transaminase, da aspartato transaminase e da lactato desidrogenase (Reitmen e Frenkel, 1957).

1.5.1 Estimativa da fosfatase alcalina (ALP):

O teste é efectuado por método fotométrico cinético, optimizado de acordo com a Sociedade Alemã de Química Clínica (DGKC). A determinação quantitativa *in vitro* da fosfatase alcalina foi efectuada por análise fotométrica utilizando um colorímetro. A estimativa foi efectuada utilizando o kit ALP fornecido pela Bioera Ltd.

Método:

As amostras de sangue foram centrifugadas e o soro e os reagentes foram colocados nas respectivas câmaras do colorímetro. Foram adicionados 0,5 ml da solução de substrato (p-nitrofenil fosfato) e 0,5 ml de tampão de glicina a 0,5 ml de amostra. O tubo de ensaio com a solução acima referida foi mantido num banho de água a 37°C durante 30 minutos. Após 30 minutos, a reação foi interrompida no extrato por adição de 10 ml de hidróxido de sódio 0,2N. A cor formada no final foi lida no Cololímetro. A absorvância foi então lida a 405 nm após 1,2 e 3 minutos. A $\Delta A/min$ foi calculada a partir das leituras de absorvância e foi depois multiplicada pelo fator (3433) para obter a atividade da ALP em U/L.

1.5.2 Estimativa da fosfatase ácida (ACP):

O teste para ACP foi efectuado por método fotométrico cinético, optimizado de acordo com a Sociedade Alemã de Química Clínica (DGKC). A determinação quantitativa *in vitro* da fosfatase ácida foi efectuada por análise fotométrica utilizando um colorímetro. A estimativa foi efectuada utilizando o kit ACP fornecido pela Bioera Ltd.

Método:

Para obter o reagente tampão/substrato/cromogénio, foram dissolvidos 13 ml de substrato/cromogénio com 13 ml de tampão citrato. As amostras de sangue foram centrifugadas e, após separação, o soro foi recolhido. Adicionaram-se 0,5 ml da solução de substrato (pnitrofenilfosfato) e 0,5 ml de tampão citrato 0,1N a 0,5 ml de amostra. O tubo de ensaio com a solução acima referida foi mantido num banho de água a 37°C durante 30 minutos. Após 30 minutos, a reação foi interrompida nos extractos através da adição de 3,8 ml de hidróxido de sódio 0,1N e a absorvância foi lida a 660 nm e 405 nm (para o fosfato e o corante azoico, respetivamente) e a atividade ACP foi calculada.

1.5.3 Estimativa da alanina transaminase (ALT):

O teste para a ALT foi efectuado por método fotométrico cinético, optimizado de acordo com a Sociedade Alemã de Química Clínica (DGKC). A determinação quantitativa *in vitro* da fosfatase ácida foi efectuada por análise fotométrica utilizando um colorímetro. A estimativa foi efectuada utilizando o kit ALT fornecido pela Bioera Ltd.

Método:

1 ml de cada substrato (ou seja, 1,78 g de DL-alanina e 30 mg de ácido α-cetoglutárico foram dissolvidos em 20 ml de tampão. O pH foi ajustado para 7,5 com hidróxido de sódio 1N e completado para 100 ml com tampão, tendo sido depois adicionadas algumas gotas de clorofórmio) foi colocado em tubos de ensaio limpos e incubado durante 5 minutos a 37°C. Em seguida, adicionou-se 0,2 ml de amostra de soro aos tubos de ensaio e incubou-se durante 30 minutos. A reação foi interrompida pela adição de 1,0 ml de reagente DNPH e os tubos foram mantidos à temperatura ambiente durante 20 minutos. Em seguida, foram adicionados 10 ml de solução de hidróxido de sódio 0,4N e a cor desenvolvida foi lida a 520 nm contra o branco do reagente no espetrofotómetro UV (Spectronic-20, Bausch and Lamb). Um conjunto de ácido pirúvico foi também tratado de forma semelhante para o padrão.

1.5.4 Estimativa da transaminase de aspartato (AST)

O teste para a AST foi efectuado por método fotométrico cinético, optimizado de acordo com a Sociedade Alemã de Química Clínica (DGKC). A determinação quantitativa *in vitro* da fosfatase ácida foi efectuada por análise fotométrica utilizando um colorímetro. A estimativa foi efectuada utilizando o kit AST fornecido pela Bioera Ltd.

Método: 1 ml de substrato (isto é, 1,33 g de ácido L-aspártico e 15 mg de ácido α-ceto glutárico, foram dissolvidos em 20,5 ml de tampão e hidróxido de sódio 1N para ajustar o pH a 7,5 e completados até 50 ml com o tampão fosfato e, em seguida, foram adicionadas algumas gotas de clorofórmio) foi colocado em tubos de ensaio limpos e incubado durante 5 minutos a 37°C. Em seguida, adicionou-se 0,2 ml de amostra de soro aos tubos de ensaio e incubou-se durante 1 hora. A reação foi interrompida pela adição de 1,0 ml de reagente DNPH e os tubos foram mantidos à temperatura ambiente durante 20 minutos. Em seguida, foram adicionados 10 ml de solução de hidróxido de sódio 0,4N e a cor desenvolvida foi lida a 520 nm contra o branco do reagente no espetrofotómetro UV (Spectronic-20, Bausch and Lamb). Um conjunto de ácido pirúvico foi também tratado de forma semelhante para o padrão.

1.5.5 Estimativa da desidrogenase láctica (LDH)

O método de Wrebleski e La Due (1975) foi utilizado para o ensaio da lactato desidrogenase (LDH). O teste da LDH foi efectuado por método fotométrico cinético, optimizado de acordo com a Sociedade Alemã de Química Clínica (DGKC). A determinação quantitativa *in vitro* da fosfatase ácida foi efectuada por análise fotométrica utilizando um colorímetro. A estimativa foi efectuada utilizando o kit LDH fornecido pela Bioera Ltd.

Método:

Foram tomados 2,8 ml de Tris HCl 0,2 M, mantido a pH 7,3, 0,1 ml de NADH 6,6 mM e 0,1 ml de piruvato de sódio 30 mM, que foram incubados no espetrofotómetro durante 4-5 minutos para obter o equilíbrio da temperatura e estabelecer uma taxa de branco. Adicionou-se 0,1 ml de enzima adequadamente diluída e registou-se ΔA340/min da porção linear inicial. A DO foi medida a 340nm a 25°C. A velocidade da reação é determinada por uma diminuição da absorvância a 340 nm resultante da oxidação do NADH. Uma unidade provoca a oxidação de um micromole de NADH por minuto a 25°C e pH 7,3, nas condições especificadas.

Resultado:

Os resultados obtidos nos valores séricos da fosfatase ácida (ACP), da fosfatase alcalina (ALP), da alanina transaminase (ALT), da aspartato transaminase (AST) e da lactato desidrogenase (LDH) no grupo de controlo e nos diferentes grupos de tratamento, por exemplo, 24 horas, 48 horas, 72 horas e 96 horas, foram apresentados no quadro 1.1 e a representação gráfica dos valores séricos de ACP, ALP, ALT, AST e LDH foi apresentada na figura 1.1.

Tabela 1.1: Quadro que mostra os valores séricos com um nível de confiança de 95% e o nível de significância dos valores t de amostras emparelhadas entre o controlo e os vários grupos de tratamento em ratos albinos machos tratados com uma concentração subletal de DEHP

	Controlo	24h	48h	72h	96h
ACP (IU/ml)	258.2±0.13	232.4±0.02**	208.2±0.03**	136.8±0.03**	109.5±0.01**
ALP (IU/ml)	88.6±0.02	83.5±0.01***	78.7±0.01***	70.5±0.02***	63.3±0.34***
AST (IU/ml)	39.33±0.73	48.26±0.88	53.72±0.92**	59.43±0.06	62.65±0.99**
ALT (IU/ml)	43.69±0.93**	46.62±0.85***	49.38±0.79**	54.52±0.83	58.06±0.84
LDH (IU/L)	251.44±1.49**	233.87±1.55**	206.72±1.28**	184.36±1.19**	178.75±1.08**

Os valores são Média±SEM

Níveis de significância ***$p < 0{,}001$; **$p < 0{,}01$ quando comparados com ratos de controlo

Fig. 1.1: Gráfico que mostra os valores séricos das enzimas hepáticas em ratos albinos machos tratados com concentração subletal de DEHP

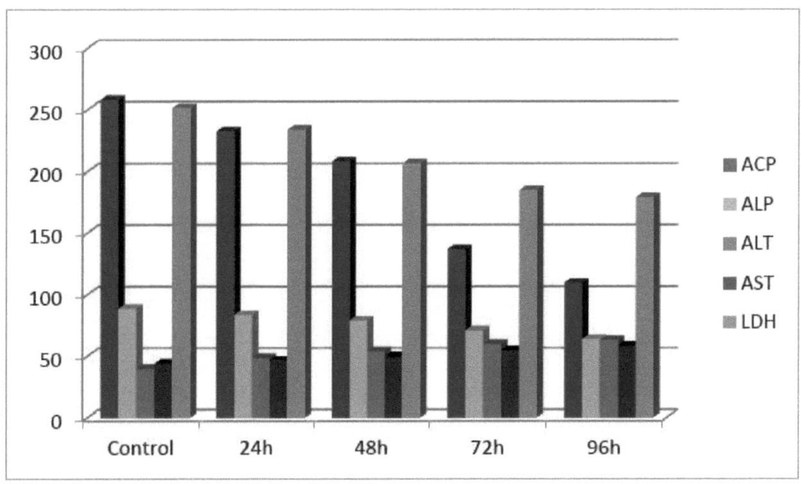

O valor da fosfatase ácida no grupo de controlo foi de 258,2 IU/ml de sangue. O valor foi

reduzido em mais de 50% após a intoxicação. O valor reduziu gradualmente de 258,2 (controlo) para 232,4, 208,2, 136,8 e 109,5 IU/ml com o aumento do tempo de exposição, ou seja, 24h, 48h, 72h e 96h, respetivamente. No entanto, os valores tendem a diminuir com o passar dos dias de tratamento e atingiram um valor mais baixo de 109,5 IU/ml de sangue no final da experiência.

O valor da Fosfatase Alcalina no grupo de controlo foi de 88,6 IU/ml de sangue. O valor foi reduzido após o tratamento com DEHP. O valor reduziu gradualmente de 88,6 (controlo) para 83,5, 78,7, 70,5 e 63,3 IU/ml com o aumento do tempo de exposição, ou seja, 24h, 48h, 72h e 96h, respetivamente. No entanto, os valores tendem a diminuir com o passar dos dias de tratamento e atingiram o valor mais baixo de 63,3 IU/ml de sangue no final da experiência.

O valor sérico da Aspertato Transaminase expresso em IU/ml de sangue mostrou um aumento gradual de um valor de controlo basal de 39,33 para um máximo de 62,65 após 96 horas de exposição. O aumento contínuo deste valor da enzima com o aumento da duração da exposição foi gradual, passando de 48,26, 53,72, 59,43 para 62,65 em 24h, 48h, 72h e 96h, respetivamente (IU/ml de sangue) no final da experiência.

O valor da Alanina Transaminase expresso em IU/ml de sangue mostrou um aumento constante de um valor de controlo basal de 43,69 para um máximo de 58,06 após 96 horas de exposição. Verificou-se que o aumento deste valor da enzima com o aumento da duração da exposição foi gradual, passando de 46,62, 49,38, 54,52 para 58,06 em 24h, 48h, 72h e 96h, respetivamente, no final da experiência.

O valor da Lactato Desidrogenase no sangue foi expresso em UI/L de sangue, que mostrou uma diminuição contínua de um valor de controlo de 251,44 para um mínimo de 178,75 após 96 horas de exposição. Verificou-se que a diminuição deste valor da enzima com o aumento da duração da exposição foi gradual, passando de 233,87, 206,72, 184,36 para 178,75 em 24h, 48h, 72h e 96h, respetivamente, no final da experiência.

CAPÍTULO 2

Estudos bioquímicos da hematologia de ratos albinos machos adultos submetidos a tratamento de recuperação com extrato de sementes de aipo

Estudos bioquímicos da hematologia de ratos albinos machos adultos submetidos a tratamento de recuperação com extrato de sementes de aipo.

2.0 Introdução :

O Apium graveolens (Apiaceae) é uma das plantas mais conhecidas e utilizadas na história da humanidade como medicamento ou especiaria. É vulgarmente conhecida como "Ajmod" e os frutos são popularmente conhecidos como sementes de aipo. No sistema medicinal tradicional indiano, as sementes são utilizadas para tratar bronquite, asma, doenças do fígado e do baço (Satyavati e Raina, 1976). Estudos experimentais mostraram que *A. graveolens* possui propriedades antibacterianas, nematicidas, antifúngicas, mosquitocidas (Momin e Nai, 2001a), anti-agregação (Teng et al., 1985), anti-inflamatórias e analgésicas (Atta e Alkofahi, 1998; Lewis et al., 1985).

O ftalato de di-(2-etil-hexilo) (DEHP) é um diéster aromático amplamente utilizado como plastificante em resinas de cloreto de polivinilo (PVC) para o fabrico de produtos de vinil flexíveis (Green et al., 2005). Uma fração substancial da população mundial está exposta a níveis mensuráveis de DEHP devido à sua utilização generalizada em produtos de consumo. As principais vias de exposição humana potencial ao DEHP são a inalação, a ingestão, o contacto dérmico e através de dispositivos médicos (ASTDR, 1993). A exposição alimentar ao DEHP ocorre através da migração do plastificante das embalagens de alimentos e do ambiente, onde existe como contaminante na água potável e nos alimentos aquáticos (OMS, 1992).

O DEHP é uma hepatotoxina bem conhecida nos animais. O DEHP pertence a uma classe de substâncias químicas denominadas proliferadores de peroxissomas (PP) (Moody e

Reddy, 1978), uma vez que estimula a proliferação de peroxissomas hepáticos e produz hipertrofia, hiperplasia e tumores do fígado (Rusyn et al., 2006).

A utilização generalizada do DEHP exige o desenvolvimento de meios para melhorar a toxicidade hepática induzida por este produto químico. Uma vez que as plantas são fontes baratas e facilmente disponíveis de antioxidantes e que não há relatos disponíveis na literatura até agora sobre a proteção herbácea contra a toxicidade hepática induzida pelo DEHP, a presente investigação foi realizada para examinar a atividade hepatomoduladora do extrato de sementes de *A. graveoelens* em ratos contra a toxicidade hepática induzida pelo DEHP.

Foi relatado o efeito hepatoprotector do extrato metanólico de sementes de A. graveolens em ratos contra vários hepatotóxicos (Ahmed et al., 2002; Singh e Handa, 1995). O efeito inibitório do extrato de sementes de aipo na hepatocarcinogénese induzida quimicamente foi observado por Sultana et al. (2005). Além disso, o extrato de folhas também demonstrou a sua eficácia na redução do stress oxidativo induzido por CCl4 em ratos. Além disso, também foi relatado que modula a toxicidade reprodutiva induzida pelo valproato de sódio (Hamza e Amin, 2007).

A fosfatase ácida (ACP) é uma enzima proteica presente no fígado (fosfohidrolase monoéster ortofosfórica) com um peso molecular de 100 000 Daltons (varia consoante as isoenzimas). A ACP é utilizada para libertar grupos fosfato ligados a outras moléculas durante a digestão. É armazenada nos lisossomas e funciona quando estes se fundem com os endossomas, que são acidificados enquanto funcionam; por conseguinte, tem um pH ácido ótimo. Encontram-se diferentes formas de fosfatase ácida em diferentes órgãos e os seus níveis séricos são utilizados como diagnóstico de doenças nos órgãos correspondentes. É uma fosfatase não específica que apresenta uma atividade máxima perto do pH 5,0 e catalisa a hidrólise de um monoéster ortofosfórico para produzir um álcool e um novo éster de fosfato (Pesce e Kaplan, 1987).

$$R_1\text{-}O\text{-}PO_3H_2 \;+\; R_2\text{-}OH \quad \xrightarrow[\text{pH 5-6}]{\text{ACP}} \quad R_1\text{-}OH \quad + \quad R_2\text{-}O\text{-}PO_3H_2$$

Org. phosphate ester   Alcohol   New Alcohol   New Phosphate ester

No ser humano, o nível de fosfatase ácida aumenta em caso de malignidade da próstata ou em caso de deformações ósseas, como no caso da osteomalácia. A fosfatase ácida resistente ao tartarato é detectada no soro em quantidades elevadas que acompanham a reabsorção óssea patológica. As duas principais isoenzimas da ACP são a ACP prostática e a ACP hepática, para além destas, uma isoenzima da ACP está presente nos eritrócitos e nas plaquetas (Henry, 1979).

A fosfatase alcalina é uma enzima proteica (fosfohidrolase de monoéster ortofosfórico) com um peso molecular de 70 000 a 1 20 000 (varia consoante as isoenzimas), sintetizada pelo fígado e que catalisa a conversão de fosfato inorgânico em forma orgânica. A fosfatase transfere uma porção de fosfato de um grupo para outro, formando um álcool e um segundo composto de fosfato. Quando a água é o aceitador de fosfato, forma-se ortofosfato inorgânico.

$$R\text{-}O\text{-}PO_3H \;+\; H_2O \quad \xrightarrow[\text{pH > 9}]{\text{ALP}} \quad R\text{-}OH \;+\; H_2PO_4^{-}$$

Trata-se de uma enzima hidrolítica que actua de forma óptima a um pH alcalino (próximo de 10,0). Existe no sangue em numerosas formas distintas, originárias principalmente do osso e do fígado, mas também de outros tecidos como o rim, a placenta, o intestino, os testículos, o timo, o pulmão e os tumores. As principais isoenzimas encontradas são as do osso, do fígado, da placenta, do intestino, do rim e do Regan (fetal). Os aumentos fisiológicos são encontrados durante o crescimento ósseo (e em caso de gravidez no ser humano), enquanto os aumentos patológicos estão largamente associados a doenças hepatobiliares e ósseas. Nas doenças hepatobiliares, indicam obstrução do ducto biliar (como na colestase causada por cálculos biliares no ser humano), tumores ou inflamação.

Também se observam actividades elevadas na hepatite infecciosa. Nas doenças ósseas, as actividades elevadas de ALP têm origem no aumento das actividades osteoblásticas (Thomas, 1998; Moss, 1999). A ALP no soro está presente quer como isoenzimas não ligadas, quer como complexos com lipoproteínas ou, raramente, com imunoglobulinas. O seu papel exato difere de local para local. A ALP no fígado existe predominantemente no trato biliar e é, por isso, um marcador de disfunção biliar (Henry, 1979). A ALP necessita de iões Mg^{++} e Zn^{++} para a sua estabilidade e atividade máxima; é inibida por Ca^{++} e fosfato inorgânico (Pesce e Kaplan, 1987).

A aspartato transaminase (AST) ou aspartato aminotransferase, também conhecida como transaminase glutâmico-oxaloacética sérica (SGOT), é uma enzima transaminase dependente de fosfato de piridoxal (PLP) que foi descrita pela primeira vez por Arthur Karmen *et al* em 1954. A AST catalisa a transferência reversível de um grupo α-amino entre o aspartato e o glutamato e, como tal, é uma enzima importante no metabolismo dos aminoácidos. A AST encontra-se no fígado, no coração, no músculo esquelético, nos rins, no cérebro e nos glóbulos vermelhos. O nível sérico de AST, o nível sérico de ALT (alanina transaminase) e o seu rácio (rácio AST/ALT) são normalmente medidos clinicamente como biomarcadores da saúde do fígado. As análises fazem parte de painéis sanguíneos. A aspartato transaminase catalisa a interconversão de aspartato e a-cetoglutarato em oxaloacetato e glutamato.

Aspartate (Asp) + α-ketoglutarate $\xleftrightarrow{\text{AST}}$ oxaloacetate + glutamate (Glu)

Como transaminase prototípica, a AST depende do PLP (vitamina B6) como cofator para transferir o grupo amino do aspartato ou do glutamato para o cetoácido correspondente. No processo, o cofator alterna entre o PLP e a forma de fosfato de piridoxamina (PMP) (Kirsch *et al,* 1984). A transferência do grupo amino catalisada por esta enzima é crucial tanto na degradação como na biossíntese dos aminoácidos. Na degradação dos aminoácidos, após a conversão do α-cetoglutarato em glutamato, o glutamato sofre subsequentemente uma desaminação oxidativa para formar iões de amónio, que são excretados sob a forma de ureia. Na reação inversa, o aspartato pode ser sintetizado a partir do oxaloacetato, que é um intermediário fundamental no ciclo do ácido cítrico (Berg *et al*, 2006).

A alanina transaminase (ALT) é uma enzima transaminase. É também designada por alanina aminotransferase (ALAT) e era anteriormente designada por transaminase glutamato-piruvato sérica (SGPT) ou foi caracterizada pela primeira vez em meados da década de 1950 por Arthur Karmen e colegas. A ALT encontra-se no plasma e em vários tecidos do corpo, mas é mais comum no fígado. Catalisa as duas partes do ciclo da alanina.

A ALT catalisa a transferência de um grupo amino da L-alanina para o a-cetoglutarato, sendo os produtos desta reação de transaminação reversível o piruvato e o L-glutamato.

$$\text{L-glutamate + pyruvate} \xleftrightarrow{\text{ALT}} \text{α-ketoglutarate + L-alanine}$$

A ALT é normalmente medida clinicamente como parte de uma avaliação diagnóstica de lesão hepatocelular, para determinar a saúde do fígado. Quando utilizada no diagnóstico, é quase sempre medida em unidades internacionais/litro (UI/L). Embora as fontes variem quanto aos valores específicos do intervalo de referência para os doentes, 10-40 UI/L é o intervalo de referência padrão para estudos experimentais. A alanina transaminase apresenta uma variação diurna acentuada. O rácio de ALT para AST (aspartato aminotransferase) também tem significado clínico (Wang *et al*, 2012).

Adeyemi *et al.* (2008) referiram que a perda de atividade da AST (Aspertato Transaminase) e da ALT (Alanina Transaminase) nos tecidos pode ser interpretada como um compromisso da integridade dos tecidos. Embora a ALT e a AST sejam enzimas "marcadoras" do fígado, acredita-se que qualquer alteração a nível subcelular pode afetar a atividade destas enzimas noutros tecidos (Adeyemi et al., 2008). O aumento do rácio ALT/AST pode ser indicativo da extensão do dano celular (Adeyemi *et al.*, 2008).

A lactato desidrogenase (LDH ou LD) é uma enzima presente em quase todas as células vivas (animais, plantas e procariotas). A LDH catalisa a conversão de lactato em ácido pirúvico e vice-versa, assim como converte NAD+ em NADH e vice-versa. Uma desidrogenase é uma enzima que transfere um hidreto de uma molécula para outra. As LDH existem em quatro classes distintas de enzimas. As LDH actuam sobre o D-lactato e/ou dependem do citocromo c. A LDH exprime-se amplamente nos tecidos do corpo, como as células sanguíneas e o músculo cardíaco. Como é libertada durante danos nos tecidos, é um marcador de lesões e doenças comuns, como a insuficiência cardíaca (Holms e Goldberg, 2009).

Para compreender a hepatotoxicidade, a avaliação das enzimas hepáticas no soro é um dos melhores métodos. As enzimas hepáticas aminotransferases (AST e ALT) são as primeiras enzimas a serem utilizadas no diagnóstico enzimológico quando ocorre uma lesão hepática. Devido à sua localização intracelular no citosol, a toxicidade que afecta o fígado com a subsequente rutura da arquitetura da membrana das células leva ao seu derrame no plasma e a sua concentração aumenta neste último.

2.1 Protocolo experimental:

Os ratos foram divididos aleatoriamente em 3 grupos de 5 animais cada. Os animais do grupo I serviram de controlo normal e receberam o veículo (óleo de milho). Os animais do grupo II receberam DEHP (1000mg/kg b.wt./dia em 0,5 ml de óleo de milho por rato) por intubação intra-gástrica. Os animais do grupo III receberam extrato de *A. graveolens* (300 mg/kg de peso corporal/dia p.o.) para além de DEHP (1000 mg/kg de peso corporal/dia). Todos os ratos receberam tratamento durante 6 semanas.

2.2 Material e métodos:

A determinação de ALP, ACP, AST, ALT e LDH foi efectuada através da determinação da densidade ótica utilizando um colorímetro no laboratório. Para os testes enzimáticos hepáticos, foram utilizados os kits enzimáticos adquiridos à Bioera Ltd.

2.3 Produtos químicos e reagentes:

Os produtos químicos e reagentes utilizados eram de grau analítico e da mais elevada pureza. O produto químico Di- (2-etil-hexilftalato) (DEHP) foi adquirido à S.K. Enterprises. Os kits enzimáticos para ACP, ALP, AST, ALT e LDH foram recebidos da Bioera Ltd.

2.4 Preparação do extrato de sementes de aipo:

As sementes de *A. graveolens* (apiaceae) foram adquiridas junto de um comerciante autêntico e foram identificadas botanicamente. Estas foram secas à sombra e submetidas a extração por soxhlet durante 30 h utilizando metanol como solvente. O extrato foi filtrado e concentrado até à secura a baixa temperatura (40°C) e sob pressão reduzida. A massa viscosa castanha assim obtida foi dissolvida em água destilada e utilizada para o estudo experimental.

2.5 Colheita de sangue:

Foram utilizados no presente estudo ratos wistar machos adultos criados em colónias, com um peso de 150 - 175 g. Foram alojados em gaiolas bem ventiladas e mantidos em condições ambientais normais (22 ± 3°C, 60 - 70% de humidade relativa, 12 h de ciclo claro/escuro) e receberam ração normal para ratos (Lipton, India Pvt. ltd.) e água *ad libitum*. O Comité Institucional de Ética Animal aprovou o estudo.

Os ratos foram divididos aleatoriamente em 3 grupos de 7 animais cada. Os animais do grupo I serviram de controlo normal e receberam o veículo (óleo de milho). Os animais do grupo II receberam DEHP (1000mg/kg b.wt./dia em 0,5 ml de óleo de milho por rato) por intubação intra-gástrica. Os animais do grupo III receberam extrato de A. graveolens (300 mg/kg de peso corporal/dia p.o.) para além de DEHP (1000 mg/kg de peso corporal/dia). Todos os ratos receberam tratamento durante 6 semanas.

A amostra de sangue foi retirada de vasos sanguíneos venosos e arteriais. Antes da recolha do sangue, foi aplicada anestesia local na cauda e foi efectuado um corte a 1 mm da ponta da cauda com uma lâmina de bisturi. O sangue foi colhido e o fluxo sanguíneo foi interrompido com uma pancada na ponta da cauda. Foi obtida a autorização do Comité de Ética Animal do Instituto para a utilização de animais nas técnicas.

2.6 Estimativa dos parâmetros bioquímicos do sangue:

As amostras de soro foram utilizadas para a estimativa das actividades das fosfatases alcalinas e das fosfatases ácidas séricas (Kind e King, 1954), da alanina transaminase, da aspartato transaminase e da lactato desidrogenase (Reitmen e Frenkel, 1957).

2.6.1 Estimativa da fosfatase alcalina (ALP):

O teste é efectuado por método fotométrico cinético, optimizado de acordo com a Sociedade Alemã de Química Clínica (DGKC). A determinação quantitativa *in vitro* da fosfatase alcalina foi efectuada por análise fotométrica utilizando um colorímetro. A estimativa foi efectuada utilizando o kit ALP fornecido pela Bioera Ltd.

Método:

As amostras de sangue foram centrifugadas e o soro e os reagentes foram colocados nas respectivas câmaras do colorímetro. Foram adicionados 0,5 ml da solução de substrato (p-nitrofenil fosfato) e 0,5 ml de tampão de glicina a 0,5 ml de amostra. O tubo de ensaio com a solução acima referida foi mantido num banho de água a 37°C durante 30 minutos. Após 30 minutos, a reação foi interrompida no extrato por adição de 10 ml de hidróxido de sódio 0,2N. A cor formada no final foi lida no Cololímetro. A absorvância foi então lida a 405 nm após 1,2 e 3 minutos. A ΔA/min foi calculada a partir das leituras de absorvância e foi depois multiplicada pelo fator (3433) para obter a atividade da ALP em U/L.

2.6.2 Estimativa da fosfatase ácida (ACP):

O teste para ACP foi efectuado por método fotométrico cinético, optimizado de acordo com a Sociedade Alemã de Química Clínica (DGKC). A determinação quantitativa *in vitro* da fosfatase ácida foi efectuada por análise fotométrica utilizando um colorímetro. A estimativa foi efectuada utilizando o kit ACP fornecido pela Bioera Ltd.

Método:

Para obter o reagente tampão/substrato/cromogénio, foram dissolvidos 13 ml de substrato/cromogénio com 13 ml de tampão citrato. As amostras de sangue foram centrifugadas e, após separação, o soro foi recolhido. Adicionaram-se 0,5 ml da solução de substrato (fosfato de pnitrofenilo) e 0,5 ml de tampão citrato 0,1N a 0,5 ml de amostra. O tubo de ensaio com a solução acima referida foi mantido num banho de água a 37°C durante 30 minutos. Após 30 minutos, a reação foi interrompida nos extractos através da adição de 3,8 ml de hidróxido de sódio 0,1N e a absorvância foi lida a 660 nm e 405 nm (para o fosfato e o corante azoico, respetivamente) e a atividade ACP foi calculada.

2.6.3 Estimativa da alanina transaminase (ALT):

O teste para a ALT foi efectuado por método fotométrico cinético, optimizado de acordo com a Sociedade Alemã de Química Clínica (DGKC). A determinação quantitativa *in vitro* da fosfatase ácida foi efectuada por análise fotométrica utilizando um colorímetro. A estimativa foi efectuada utilizando o kit ALT fornecido pela Bioera Ltd.

Método:

1 ml de cada substrato (ou seja, 1,78 g de DL-alanina e 30 mg de ácido a-cetoglutárico foram dissolvidos em 20 ml de tampão. O pH foi ajustado para 7,5 com hidróxido de sódio 1N e completado para 100 ml com tampão, tendo-se depois adicionado algumas gotas de clorofórmio) foram colocados em tubos de ensaio limpos e incubados durante 5 minutos a 37°C. Em seguida, adicionou-se 0,2 ml de amostra de soro aos tubos de ensaio e incubou-se durante 30 minutos. A reação foi interrompida pela adição de 1,0 ml de reagente DNPH e os tubos foram mantidos à temperatura ambiente durante 20 minutos. Em seguida, foram adicionados 10 ml de solução de hidróxido de sódio 0,4N e a cor desenvolvida foi lida a 520 nm contra o branco do reagente no espetrofotómetro UV (Spectronic-20, Bausch and Lamb). Um conjunto de ácido pirúvico foi também tratado de forma semelhante para o

padrão.

2.6.4 Estimativa da transaminase de aspartato (AST)

O teste para a AST foi efectuado por método fotométrico cinético, optimizado de acordo com a Sociedade Alemã de Química Clínica (DGKC). A determinação quantitativa *in vitro* da fosfatase ácida foi efectuada por análise fotométrica utilizando um colorímetro. A estimativa foi efectuada utilizando o kit AST fornecido pela Bioera Ltd.

Método:

1 ml de substrato (isto é, 1,33 g de ácido L-aspártico e 15 mg de ácido α-ceto glutárico foram dissolvidos em 20,5 ml de tampão e hidróxido de sódio 1N para ajustar o pH a 7,5 e completados até 50 ml com o tampão fosfato, tendo sido depois adicionadas algumas gotas de clorofórmio) foi colocado em tubos de ensaio limpos e incubado durante 5 minutos a 37°C. Em seguida, adicionou-se 0,2 ml de amostra de soro aos tubos de ensaio e incubou-se durante 1 hora. A reação foi interrompida pela adição de 1,0 ml de reagente DNPH e os tubos foram mantidos à temperatura ambiente durante 20 minutos. Em seguida, foram adicionados 10 ml de solução de hidróxido de sódio 0,4N e a cor desenvolvida foi lida a 520 nm contra o branco do reagente no espetrofotómetro UV (Spectronic-20, Bausch and Lamb). Um conjunto de ácido pirúvico foi também tratado de forma semelhante para o padrão.

2.6.5 Estimativa da desidrogenase láctica (LDH)

O método de Wrebleski e La Due (1975) foi utilizado para o ensaio da lactato desidrogenase (LDH). O teste da LDH foi efectuado por método fotométrico cinético, optimizado de acordo com a Sociedade Alemã de Química Clínica (DGKC). A determinação quantitativa *in vitro* da fosfatase ácida foi efectuada por análise fotométrica utilizando um colorímetro. A estimativa foi efectuada utilizando o kit LDH fornecido pela Bioera Ltd.

Método:

Foram tomados 2,8 ml de Tris HCl 0,2 M, mantido a pH 7,3, 0,1 ml de NADH 6,6 mM e 0,1 ml de piruvato de sódio 30 mM, que foram incubados no espetrofotómetro durante 4-5 minutos para obter o equilíbrio da temperatura e estabelecer uma taxa de branco. Adicionou-se 0,1 ml de enzima adequadamente diluída e registou-se ΔA340/min da porção linear inicial. A DO foi medida a 340nm a 25°C. A velocidade da reação é determinada por uma diminuição da absorvância a 340 nm resultante da oxidação do NADH. Uma unidade provoca a oxidação de um micromole de NADH por minuto a 25°C e pH 7,3, nas condições especificadas.

Resultado:

Os resultados obtidos sobre os valores séricos da fosfatase ácida (ACP), da fosfatase alcalina (ALP), da alanina transaminase (ALT), da aspartato transaminase (AST) e da lactato desidrogenase (LDH) no grupo de controlo e nos diferentes grupos de tratamento, por exemplo, 24 horas, 48 horas, 72 horas e 96 horas, foram apresentados no quadro 2.1 e a representação gráfica dos valores séricos de ACP, ALP, ALT, AST e LDH foi apresentada em

Fig. 2.1.

Tabela 1.1: Tabela que mostra os valores séricos com um nível de confiança de 95% e o nível de significância dos valores t de amostras emparelhadas entre o controlo e os ratos albinos machos tratados com uma concentração subletal de DEHP e o grupo de recuperação tratado com extrato de sementes de *A. graveolens*.

	Controlo	Tratada com DEHP (96h)	DEHP + extrato de *A.graveolens*
ACP (IU/ml)	258.2±0.13	109.5±0.01**	279.5±0.03**
ALP (IU/ml)	88.6±0.02	63.3±0.34***	84.7±0.02***
AST (IU/ml)	39.33±0.73	62.65±0.99**	40.12±0.62**
ALT (IU/ml)	43.69±0.93**	58.06±0.84	44.46±0.85**
LDH (IU/L)	251.44±1.49**	178.75±1.08**	248.34±1.28**

Os valores são Média±SEM

Níveis de significância ***p< 0,001 ; **p<0,01 quando comparados com ratos de controlo a p < 0,01; b p<0,001 quando comparados com ratos tratados com DEHP.

Fig. 1.1: Gráfico que mostra os valores séricos das enzimas hepáticas em ratos albinos machos tratados com concentração subletal de DEHP (96h) e grupo de recuperação tratado com extrato de sementes de *A. graveolens*

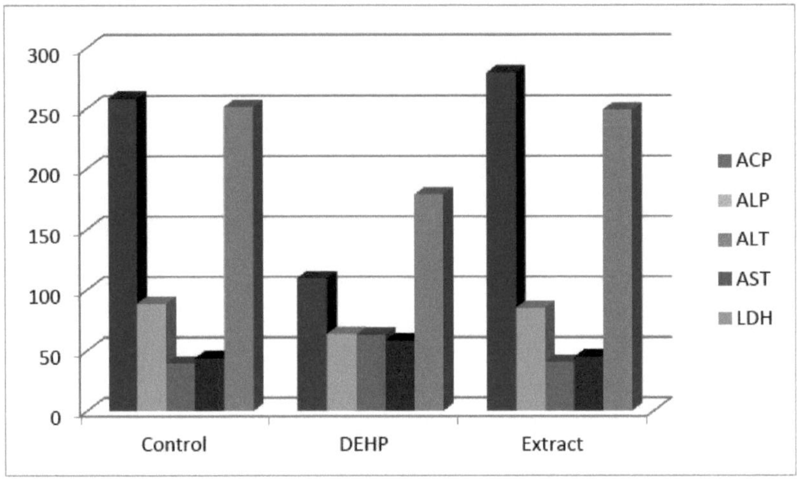

O valor da fosfatase ácida no grupo de controlo foi de 258,2 IU/ml de sangue. O valor foi reduzido em mais de 50% após a intoxicação. O valor diminuiu de

258.2 (controlo) para 109,5 IU/ml com o tempo de exposição de 96h. No entanto, os valores tendem a aumentar após o tratamento de recuperação com extrato de sementes de aipo e atingiram um valor quase normal de 279,5 IU/ml de sangue no final da experiência.

O valor da Fosfatase Alcalina no grupo de controlo foi de 88,6 IU/ml de sangue. O valor foi reduzido após o tratamento com DEHP. O valor foi reduzido de 88,6 (controlo) para 63,3 IU/ml após o tempo de exposição de 96h. No entanto, o valor do soro foi recuperado após o tratamento com extrato de sementes de aipo e atingiu um valor normal de 84,7 IU/ml de sangue no final da experiência.

O valor sérico da Aspertato Transaminase expresso em IU/ml de sangue mostrou um aumento gradual de um valor de controlo basal de 39,33 para um máximo de 62,65 após 96 horas de exposição. Mas houve um retorno ao valor normal após o tratamento dos animais com extrato de sementes de aipo. O nível sérico de AST passou para 40,12 IU/ml de sangue no final da experiência de recuperação.

O valor da Alanina Transaminase expresso em IU/ml de sangue mostrou uma subida constante de um valor de controlo basal de 43,69 para um máximo de 58,06 após 96 horas de exposição. O valor de ALT após o tratamento dos ratos com o extrato de sementes de aipo foi recuperado para o normal, ou seja, 44,46 IU/ml no final da experiência de recuperação.

O valor da Lactato Desidrogenase no sangue foi expresso em UI/L de sangue, que mostrou uma diminuição contínua de um valor de controlo de 251,44 para um mínimo de 178,75 após 96 horas de exposição. O tratamento de recuperação dos ratos foi feito com extrato de sementes de aipo, que mostrou um valor quase normal de 248,34 UI/L de sangue no final da experiência.

DISCUSSÃO

Devido a vários tipos de actividades humanas, o ambiente sofreu alterações drásticas com a descarga de um grande número de substâncias químicas estranhas ou xenobióticos. Os organismos ou metabolizam rapidamente e eliminam estes compostos do seu corpo ou vivem com lesões patológicas e neoplasias incluídas pelos tóxicos (Murchelano e Wolke, 1985). Um ecossistema poluído representa um reservatório onde várias descargas perigosas acabam por se conglomerar, resultando num efeito complexo no biota. Assim, os efeitos resultantes dessas combinações são frequentemente complicados, uma vez que são imprevisíveis e são normalmente designados por interacções (Malins *et al.*, 1988).

Desde que o homem enveredou pelo caminho da civilização, começou a explorar e a poluir indiscriminadamente o ar, a água e a terra, sem se aperceber ou se preocupar com os efeitos a longo prazo da sua ação, sob a forma de "poluição ambiental". O resultado foi o desequilíbrio do ecossistema, que atingiu agora um estado de "crise ambiental".

O problema dos plastificantes é global. As pessoas de hoje aperceberam-se da ameaça que os plastificantes representam para o ambiente. O problema não é criado pelos plásticos, pelos fabricantes ou aplicadores de plásticos, nem por aqueles que pretendem proteger a vida selvagem ou combater a malária e outras doenças transmitidas por vectores aos seres humanos e aos seus animais. Pelo contrário, este problema diz respeito a todas as pessoas que querem bens ou produtos a um preço razoável e de melhor qualidade. O problema pode ser resolvido com base no conhecimento sólido dos princípios toxicológicos. Este conhecimento permite um acordo e uma abordagem cooperativa das pessoas responsáveis pela proteção da saúde e do ambiente. A ignorância destes princípios pode ser perigosa para a sobrevivência dos seres humanos. A utilização de qualquer composto biologicamente ativo cria problemas potenciais de toxicidade. É dever dos toxicologistas identificar e avaliar os problemas com base em experiências científicas, prevenir lesões e desenvolver métodos de resistência a qualquer efeito adverso que ocorra.

Um plastificante é uma substância que, quando adicionada a um material, normalmente um plástico, o torna flexível, resistente e fácil de manusear. Os primeiros exemplos de plastificantes incluem a água para amolecer a argila e óleos para plastificar o piche para impermeabilizar barcos antigos. Existem mais de 300 tipos diferentes de plastificantes, dos quais cerca de 50-100 são utilizados comercialmente. Os mais utilizados são os ftalatos e os adipatos (Gray *et al* 1977). Atualmente, a utilização de plástico e, por sua vez, de plastificantes tem aumentado muito. Desta forma, o ambiente ficou cada vez mais poluído e tornou-se gradualmente inadequado para vários desempenhos fisiológicos dos animais vivos. O conhecimento atual da toxicologia, embora desenvolvido a partir de investigações em mamíferos e microrganismos, deu oportunidade suficiente para que os organismos fossem utilizados como substitutos importantes para a investigação toxicológica.

O ensaio de toxicidade aguda, que é uma parte indispensável dos estudos de poluição, tem uma utilidade múltipla. Oferece uma oportunidade para avaliar a toxicidade intrínseca do produto químico utilizado, prever os riscos prováveis para as espécies-alvo ou não-alvo, determinar as espécies mais susceptíveis, identificar os órgãos-alvo e fornecer informações para a avaliação do risco de exposição aguda aos produtos químicos. Também ajuda a prever, diagnosticar e prescrever possíveis tratamentos para a exposição aguda (envenenamento) ao produto químico.

Os dados dos estudos de toxicidade aguda ajudam as instituições, o governo e as instituições de investigação a formular medidas de segurança para as suas investigações e para as pessoas envolvidas no desenvolvimento, produção e utilização dos produtos químicos. Um estudo de toxicidade aguda meticulosamente concebido fornece frequentemente pistas importantes sobre o mecanismo de toxicidade e a relação estrutura - efeito de uma determinada classe de produtos químicos. Num estudo de toxicidade aguda bem concebido, é considerada a relação dose-resposta das concentrações letais e não letais dos produtos químicos. O ensaio de toxicidade aguda, também conhecido como "ensaio de toxicidade de curta duração", foi concebido para avaliar a toxicidade relativa das substâncias químicas testadas, geralmente em concentrações letais para selecionar os organismos de ensaio. O ensaio é realizado durante um curto período de tempo, normalmente 96 horas, durante o qual os organismos de ensaio seleccionados são expostos a uma série de concentrações de produtos químicos de ensaio. Os ratos albinos machos adultos são um bom modelo de mamífero para estudar a toxicidade aguda de qualquer substância tóxica.

A capacidade de resistência de um organismo aos tóxicos depende de muitos outros factores, como o sexo, a idade, as fases do ciclo de vida, o metabolismo e a aclimatação (Larsson *et al.*, 1977 a, b). Na presente investigação, a escolha do modelo de peixe foi o rato albino, que é um bom organismo modelo de mamífero para estudar a toxicidade. Os ratos têm servido como um modelo animal importante para a investigação em psicologia e ciências biomédicas. A primeira colónia de ratos na América utilizada para investigação nutricional foi iniciada em janeiro de 1908 e, em seguida, as necessidades nutricionais dos ratos foram utilizadas para determinar os pormenores da nutrição proteica. A função reprodutiva dos ratos foi estudada no Instituto de Biologia Experimental, na Universidade da Califórnia. A genética dos ratos foi estudada em 1994. Há muito que os ratos são utilizados na investigação do cancro (Oloyede et al., 2003b).

O ftalato de di- (2-etil-hexilo) (DEHP) é um diéster aromático amplamente utilizado como plastificante em resinas de cloreto de polivinilo (PVC) para o fabrico de produtos de vinil flexíveis (Green et al., 2005). Uma fração substancial da população mundial está exposta a níveis mensuráveis de DEHP devido à sua utilização generalizada em produtos de consumo. As principais vias de exposição humana potencial ao DEHP são a inalação, a ingestão, o contacto dérmico e através de dispositivos médicos (ASTDR, 1993). A exposição alimentar ao DEHP ocorre através da migração do plastificante das embalagens de alimentos e do ambiente, onde existe como contaminante na água potável e nos alimentos aquáticos (OMS, 1992). O DEHP é uma hepatotoxina bem conhecida nos animais. O DEHP pertence a uma classe de substâncias químicas denominadas proliferadores de peroxissomas (PP) (Moody e Reddy, 1978), uma vez que estimula a proliferação de peroxissomas hepáticos e produz hipertrofia, hiperplasia e tumores do fígado (Rusyn et al., 2006).

Os plásticos de cloreto de polivinilo (PVC) são utilizados na produção de uma vasta gama de dispositivos médicos e na indústria dos cuidados de saúde, incluindo sacos de sangue, sacos de recolha de plasma, sacos de diálise, cateteres e luvas. Esta vasta gama de utilização de PVC plastificado em dispositivos é atribuída a várias razões, incluindo a flexibilidade, a estabilidade química, a possibilidade de esterilização, o baixo custo e a grande disponibilidade. O PVC é um polímero único devido à sua capacidade de aceitar grandes quantidades de aditivos para obter qualidades específicas. Trata-se de um polímero relativamente rígido e quebradiço. A flexibilidade é conseguida através da adição de plastificantes químicos. Os plastificantes são compostos orgânicos adicionados ao PVC para facilitar o processamento e aumentar a flexibilidade e a resistência do produto final através da modificação interna da molécula do polímero. Existem mais de 300 tipos diferentes de plastificantes descritos, dos quais cerca de 50 a 100 são utilizados comercialmente (Kambia *et al.*, 2008). O ftalato de di (2-etil-hexilo) (DEHP) é o mais comummente utilizado.

A administração subcrónica de DEHP (1000 mg/kg de peso corporal/dia) durante 6 semanas em ratos causou um aumento significativo do peso relativo do fígado. Estes resultados estão em concordância com relatórios anteriores e podem ser atribuídos ao aumento da síntese de ácidos gordos e fosfolípidos e ao aumento do fígado devido ao aumento da proliferação celular e a uma diminuição da apoptose (Sakurai et al., 1978; Yanagita et al., 1987; Rusyn et al., 2006). A administração do extrato impede significativamente o aumento do peso relativo do fígado, o que sugere uma influência moduladora favorável no metabolismo lipídico do fígado.

O DEHP causou uma diminuição significativa do teor de glicogénio do fígado, tal como sugerido pelas conclusões de trabalhadores anteriores que comunicaram uma diminuição semelhante da insulina sérica e do glicogénio hepático e um aumento do nível de glicose no sangue (Sakurai *et al.,* 1978; Gayathri *et al.,* 2004). No entanto, o tratamento com o extrato inverteu estas alterações, provavelmente aumentando a captação de glicose no fígado.

A avaliação da função hepática pode ser feita através da estimativa das actividades de parâmetros marcadores como AST, ALT e ALP, que estão originalmente presentes em maior concentração no citoplasma. Quando há danos hepatocelulares, estas enzimas passam para a circulação sanguínea (Sallie *et al.,* 1991).

Os níveis elevados destes marcadores enzimáticos no soro de ratos tratados com DEHP correspondem a danos hepáticos extensos. A coadministração do extrato metanólico de sementes de *A. graveolens* juntamente com o DEHP impediu significativamente o aumento destes parâmetros de marcadores séricos e restaurou-os para o lado normal. Estes resultados estão de acordo com descobertas anteriores, que também relataram uma prevenção significativa na alteração dos níveis séricos de AST, ALT, ALP, ACP e LDH pelo extrato de *A. graveolens* em ratos tratados com várias hepatotoxinas, apoiando a ação anti-hepatotóxica do extrato em virtude da atividade estabilizadora da membrana (Singh e Handa, 1995). Provavelmente, fá-lo através da eliminação de radicais livres, que foi estabelecida nos estudos in vitro que indicam a sua atividade antioxidante (Popovic et al., 2006).

No presente estudo, as experiências foram efectuadas no laboratório, onde a temperatura variava entre 25 e 28°C e o fotoperíodo era de 12L:12D. Foram utilizados no presente estudo ratos wistar machos adultos criados em colónias, com um peso de 150 - 175 g. Foram alojados em gaiolas bem ventiladas e mantidos em condições ambientais normais

(22 ± 3°C, 60 - 70% de humidade relativa, 12 h de ciclo claro/escuro) e receberam ração normal para ratos (Lipton, India Pvt. ltd.) e água *ad libitum*. O Comité Institucional de Ética Animal aprovou o estudo. Os ratos foram divididos aleatoriamente em 3 grupos de 5 animais cada. Os animais do grupo I serviram de controlo normal e receberam o veículo (óleo de milho). Os animais do grupo II receberam DEHP (1000mg/kg b.wt./dia em 0,5 ml de óleo de milho por rato) por intubação intra-gástrica. Os animais do grupo III receberam extrato de *A. graveolens* (300 mg/kg de peso corporal/dia p.o.) para além de DEHP (1000 mg/kg de peso corporal/dia). Todos os ratos receberam tratamento durante 6 semanas.

O estudo da hematologia tem um bom alcance na compreensão da fisiologia normal e alterada, das relações ecológicas e até dos parentescos filogenéticos dos organismos. O estudo hematológico é de interesse académico e os seus valores aplicados na compreensão do estado fisiológico dos animais e na monitorização do estado de saúde em condições naturais, experimentais e culturais têm sido estudados durante os últimos anos, atraindo uma enorme atenção científica em todo o mundo (Yanagita et al., 1987). Foram observados vários efeitos negativos nos parâmetros físicos e bioquímicos do sangue, com o aumento da duração do tempo de exposição.

Tendo em conta os factos acima referidos, o estudo dos parâmetros bioquímicos assume grande importância. No presente estudo, foram observados alguns parâmetros bioquímicos após a exposição ao DEHP durante um período de tempo variável.

A fosfatase alcalina é uma enzima hidrolítica sintetizada pelo fígado, que actua em pH alcalino e catalisa a conversão de fosfatos inorgânicos para a forma orgânica. Os níveis sanguíneos de fosfatase alcalina (ALP) podem dar indicações de mau funcionamento do fígado e dos ossos (Nelson e Cox, 2000). O aumento da fosfatase alcalina foi observado em ratos albinos tratados com ftalatos. Este resultado pode ser observado como consequência do aumento da atividade osteoblástica ou devido a obstruções intra e extra-hepáticas da passagem biliar (Adeyemi *et al.*, 2008).

A fosfatase ácida (ACP) é outra enzima hidrolítica presente no fígado, que catalisa a conversão do fosfato da forma inorgânica para a forma orgânica. A sua atividade óptima é exibida a um pH ácido. O aumento das actividades da fosfatase ácida devido à intoxicação por pesticidas sugere um provável dano hepatocelular no organismo (Moul et al., 1998). O aumento da fosfatase ácida plasmática pode também estar associado quer à diminuição da estabilidade das membranas dos lisossomas hepáticos quer a danos nos tecidos. Esta enzima está associada à atividade lisossomal. Moul *et al* (1998) especulam que a elevação da fosfatase ácida reflecte a proliferação dos lisossomas na tentativa de sequestrar o xenobiótico tóxico. A disfunção hepática indica o desenvolvimento de muitas anomalias em todos os aspectos metabólicos dos peixes em caso de exposição contínua a um meio tóxico, o que é suscetível de pôr o animal em perigo.

A coadministração de extrato metanólico de sementes de *A. graveolens* juntamente com DEHP impediu significativamente o aumento dos parâmetros de marcadores séricos e restaurou-os para o valor normal. Também provocou uma normalização significativa da LDH. Estes resultados estão de acordo com descobertas anteriores, que também relataram uma prevenção significativa na alteração da AST, ALT, ALP e ACP séricas pelo extrato de *A. graveolens* em ratos tratados com várias hepatotoxinas, apoiando a ação anti-hepatotóxica do extrato em virtude da atividade estabilizadora da membrana (Singh e Handa, 1995). Foi observada uma alteração semelhante nos marcadores de stress oxidativo em testículos de ratos tratados com extrato de *A. graveolens* (Hamza e Amin, 2007).

As sementes de A. graveolens são uma fonte rica de constituintes fenólicos, como flavonóides, antrões, xantonas e taninos. Um destes, a apigenina, que é uma subclasse de flavonóides, foi estimada e considerada a principal fração de A. graveolens. Verificou-se que previne a elevação de LPO e protege o sistema antioxidante na carcinogénese hepatocelular induzida pela N-nitrosodietilamina (DEN) e promovida pelo fenobarbital

(Singh e Kanungo, 1968). Para além destes, também contém a-tocoferol e glucósidos (Ching e Mohammed, 2001; Kitajima *et al.*, 2003). Estes fitoconstituintes têm um efeito antioxidante e uma atividade inibidora da ciclo-oxigenase (Momin e Nair, 2001b; Sultana *et al.*, 2005).

Os resultados obtidos neste estudo sugerem que o extrato metanólico das sementes de *A. graveolens* possui atividade hepatoprotectora.

O valor da fosfatase ácida no grupo de controlo foi de 258,2 IU/ml de sangue. O valor foi reduzido em mais de 50% após a intoxicação. O valor reduziu gradualmente de 258,2 (controlo) para 232,4, 208,2, 136,8 e 109,5 IU/ml com o aumento do tempo de exposição, ou seja, 24h, 48h, 72h e 96h, respetivamente. No entanto, os valores tendem a diminuir com o passar dos dias de tratamento e atingiram um valor mais baixo de 109,5 IU/ml de sangue no final da experiência. No entanto, os valores tendem a aumentar após o tratamento de recuperação com extrato de sementes de aipo e atingiram um valor quase normal de 279,5 IU/ml de sangue, voltando à normalidade no final da experiência.

O valor da fosfatase alcalina no grupo de controlo foi de 88,6 IU/ml de sangue. O valor foi reduzido após o tratamento com DEHP. O valor reduziu gradualmente de 88,6 (controlo) para 83,5, 78,7, 70,5 e 63,3 IU/ml com o aumento do tempo de exposição, ou seja, 24h, 48h, 72h e 96h, respetivamente. No entanto, os valores tendem a diminuir com o passar dos dias de tratamento e atingiram o valor mais baixo de 63,3 IU/ml de sangue no final da experiência. O valor do soro foi, no entanto, recuperado após o tratamento com extrato de sementes de aipo e atingiu um valor normal de 84,7 IU/ml de sangue no final da experiência.

O valor sérico da Aspertato Transaminase expresso em IU/ml de sangue mostrou um aumento gradual de um valor de controlo basal de 39,33 para um máximo de 62,65 após 96 horas de exposição. O aumento contínuo deste valor da enzima com o aumento da duração da exposição foi gradual, passando de 48,26, 53,72, 59,43 para 62,65 em 24h, 48h, 72h e 96h, respetivamente (IU/ml de sangue) no final da experiência. Mas houve um retorno ao valor normal após o tratamento dos animais com extrato de sementes de aipo. O nível sérico de AST passou para 40,12 IU/ml de sangue no final da experiência de recuperação.

O valor da Alanina Transaminase expresso em IU/ml de sangue mostrou um aumento constante de um valor de controlo basal de 43,69 para um máximo de 58,06 após 96 horas de exposição. Verificou-se que o aumento deste valor da enzima com o aumento da duração da exposição foi gradual de 46,62, 49,38, 54,52 para 58,06 em 24h, 48h, 72h e 96h, respetivamente, no final da experiência. O valor da ALT após o tratamento dos ratos com o extrato de sementes de aipo voltou ao normal, ou seja, 44,46 IU/ml no final da experiência de recuperação.

O valor da Lactato Desidrogenase no sangue foi expresso em IU/L de sangue, que mostrou uma diminuição contínua de um valor de controlo de 251,44 para um mínimo de 178,75 após 96 horas de exposição. Verificou-se que a diminuição deste valor da enzima com o aumento da duração da exposição foi gradual, passando de 233,87, 206,72, 184,36 para 178,75 em 24h, 48h, 72h e 96h, respetivamente, no final da experiência. O tratamento de recuperação dos ratos foi efectuado com êxito pelo extrato de sementes de aipo, que apresentou um valor quase normal de 248,34 IU/L de sangue no final da experiência.

Resumo

O DEHP é um plastificante comummente utilizado numa variedade de produtos de consumo. O ftalato de di-(2-etil-hexilo) (DEHP) é um diéster aromático amplamente utilizado como plastificante em resinas de cloreto de polivinilo (PVC) para o fabrico de produtos de vinil flexíveis. Uma fração substancial da população mundial está exposta a níveis mensuráveis de DEHP devido à sua utilização generalizada em produtos de consumo. As principais vias de exposição humana potencial ao DEHP são a inalação, a ingestão, o contacto dérmico e através de dispositivos médicos. A exposição alimentar ao DEHP ocorre através da migração do plastificante das embalagens de alimentos e do ambiente, onde existe como contaminante na água potável e nos alimentos aquáticos.

O ftalato de di (2-etil-hexilo) (DEHP) é um composto orgânico com a fórmula $C_6H_4(C_8H_{17}COO)_2$. O DEHP é o mais comum da classe de ftalatos que são utilizados como plastificantes. É o diéster do ácido ftálico e do 2-etil-hexanol de cadeia ramificada. Este líquido viscoso incolor é solúvel em óleo, mas não em água. O DEHP é um produto químico de elevado volume de produção. O DEHP é utilizado principalmente a nível mundial como plastificante (amaciador de plásticos) numa série de produtos industriais e de consumo à base de policloreto de vinilo (PVC) (EFSA, 2005). Reflectindo os padrões de utilização mundiais, na Índia, o DEHP é utilizado em aplicações industriais e de consumo, principalmente como plastificante para produtos de PVC, mas também noutros polímeros para revestimentos, adesivos e resinas. O DEHP também é importado como componente de cosméticos, principalmente produtos de perfumaria, com concentrações típicas de aproximadamente 0,05%. Também é referido que é utilizado em brinquedos.

Ao estudar um organismo em condições experimentais ao longo da sua vida, é possível encontrar o elo fraco na sua reação à poluição. Estas experiências a longo prazo são essenciais para descobrir os efeitos carcinogénicos, teratogénicos e mutagénicos dos poluentes.

O Apium graveolens (Apiaceae) é uma das plantas mais conhecidas e utilizadas na história da humanidade como medicamento ou especiaria. É vulgarmente conhecida como "Ajmod" e os frutos são popularmente conhecidos como sementes de aipo. No sistema medicinal tradicional indiano, as sementes são utilizadas para tratar bronquite, asma, doenças do fígado e do baço. Estudos experimentais mostraram que A. graveolens possui propriedades antibacterianas, nematicidas, antifúngicas, mosquitocidas, antiagregantes, anti-inflamatórias e analgésicas. Foi relatado o efeito hepatoprotector do extrato metanólico de sementes de A. graveolens em ratos contra vários hepatotóxicos. Também foi observado um efeito inibidor do extrato de sementes de aipo na hepatocarcinogénese induzida quimicamente. Além disso, o extrato de folhas também demonstrou a sua eficácia na redução do stress oxidativo induzido pelo CCl_4 em ratos. Além disso, também foi relatado que modula a toxicidade reprodutiva induzida pelo valproato de sódio.

A utilização generalizada do DEHP exige o desenvolvimento de meios para melhorar a toxicidade hepática induzida por este produto químico. Uma vez que as plantas são fontes baratas e facilmente disponíveis de antioxidantes e que não há relatos disponíveis na literatura até agora sobre a proteção herbácea contra a toxicidade hepática induzida pelo DEHP, a presente investigação foi realizada para examinar a atividade hepatomoduladora do extrato de sementes de *A. graveoelens* em ratos contra a toxicidade hepática induzida pelo DEHP.

As investigações incluídas na tese intitulada "Efeitos da Exposição ao Plastificante Di-(2-Etil-hexil) Ftalato nas Enzimas Hepáticas de Ratos Albinos Machos Adultos" cobriram diferentes aspectos da toxicidade subletal do DEHP, um plastificante, exposição técnica em ratos albinos machos adultos. A tese é composta por dois capítulos principais, para além de uma introdução geral, uma revisão histórica, uma discussão e um resumo.

O autor realizou o estudo durante um período de dois anos (2015 - 2017), e os resultados obtidos foram analisados à luz dos conhecimentos mais recentes da literatura e da interpretação estatística no estudo toxicológico e foram apresentados em dois capítulos.

O capítulo I regista os dados obtidos nos estudos bioquímicos do sangue da ratazana albina *Rattus norvegicus,* exposta a uma concentração subletal de ftalato de di (2-etil-hexilo) (DEHP) durante 96 horas.

O capítulo II apresenta os dados bioquímicos do sangue da ratazana albina *Rattus norvegicus*, após tratamento com extractos de sementes de aipo *(Apium graveolens)*, exibindo um estado de recuperação.

Ramkrishna More Arts, Commerce and Science College, Akurdi, Pune, por um período de dois anos (2015 - 2017). Parte do trabalho foi realizado na Faculdade de Farmácia de Marathwada Mitramandal, Chinchwad, Pune.

Algumas das principais conclusões deste estudo são:

> Os ratos albinos machos adultos expostos ao DEHP apresentaram algumas alterações nos parâmetros bioquímicos estimados do sangue. Os níveis de fosfatase ácida, fosfatase alcalina e desidrogenase láctica diminuíram nos peixes experimentais em comparação com o grupo de controlo, enquanto os níveis de alanina transaminase e aspartato transaminase aumentaram com o aumento do período de exposição.

> O estudo de recuperação revelou um resultado eficaz após o tratamento dos ratos tratados com ftalato com *Apium graveolens*, uma vez que as enzimas hepáticas voltaram à normalidade. Os níveis de ACP, ALP e LDH diminuíram após a intoxicação, tendo aumentado após o tratamento dos ratos com extrato de sementes de aipo. Os níveis de AST e ALT mostraram um aumento na concentração sérica após a exposição ao DEHP, que baixou de volta ao nível normal após o tratamento com o extrato de sementes de *A. graveolens.*

Finalmente, a partir dos resultados acima mencionados, o autor conclui que o ftalato de di (2-etil-hexilo) é agudamente tóxico para os ratos, que são um modelo animal de teste para mamíferos. O principal órgão que é afetado negativamente pela exposição ao DEHP é o fígado, o que foi indicado pela alteração do nível sérico das enzimas hepáticas. As alterações nos parâmetros bioquímicos do sangue analisadas no presente estudo revelam que o ftalato prejudica o funcionamento normal do fígado, diminuindo o nível de fosfatase alcalina, fosfatase ácida e desidrogenase láctica e aumentando o nível sérico de aspertato transaminase e alanina transaminase. Os estudos sobre o estado de recuperação das espécies testadas pelo extrato alcoólico de *Apium graveolens* mostraram uma melhoria acentuada da atividade hepática.

Bibliografia

Ahmed B, Alam T, Varshnev M, Khan SA (2002).Atividade hepatoprotectora de duas plantas pertencentes à família Apiaceae e Euphorbiceae. *J. Ethnopharmacol.* **79:313-316**.

Gray, T. J., Butterworth, K. R., Gaunt, I. F., Grasso, G. P., e Gangolli, S. D. (1977). Estudo de toxicidade a curto prazo do ftalato de di-(2-etil-hexilo) em ratos. *Food Cosmet.* Toxicol. **15, 389-399**.

Ito Y, Yokota H, Wang R, Yamanoshita O, Ichihara G, et al. (2005). Diferenças entre espécies no metabolismo do ftalato de di(2-etil-hexilo) (DEHP) em vários órgãos de ratinhos, ratos e saguis. *Arch Toxicol.* **79: 147-154**.

Larsson, G.L., Hutchins, F.E. e Lamperti, L.P. (1977a). A laboratory determination of acute and sublethal toxicities of inorganic chloramines to early life stages of Coho salmon, *Onchorhynchus kisutch. Trans. Am. Fish. Soc.* **106:** 268-277.

Larsson, G.L., Hutchins, F.E., Lamperti, L.P. e Schlesinger, D.A. (1977b). Acute toxicity of inorganic chloramines to early life stages of brook trout, *Salvelinus fontinalis. J. Fish Biol.* **11**: 595 - 598.

Malins, D.C., Mc. Cain, B.B., Landahl, J.T., Myers, M.S., Krahn, M.M. e Brown, D.W. (1988). *Aquat. Toxicol.* **11:** 43-67.

Murchelano, R.A. e Wolke, R.E. (1985). *Science.* **228:** 587-589.

Nelson DL, Cox MM (2000). Aminotransferases. In: *Principles of Biochemistry* 3rd ed. Worth Publisher. NY. **pp. 628-632**.

Oloyede OB, Sunmonu TO, Adeyemi O, Bakare AA (2003b): A Biochemical Assessment of the Effects of Polluted Water from Asa River in rat Kidney. *Níger. J. Biochem. Mol. Biol.* **18 (1) 25-32**.

Sallie R, Tredger JM, William R (1991). Drugs and the liver. Biopharm. *Drug Dispos.* **12:**

251-255.

Thorpe, E., Bolt, H. M., Elcombe, C. R., Grasso, P, Paglialunga, S., e Roe, E 1982. Hepatocarcinogenesis in Laboratory Rodents: Revelance for Man. *Centro Europeu de Ecologia e Toxicologia da Indústria Química,* Monografia 4.

Warren, J. R., Lalwani, N. D., e Reddy, J. K. (1982). Phthalate esters as peroxisome proliferator carcinogens. *Environ. Health Perspect.* **45: 35-40.**

Wittassek M, Angerer J (2008). Ftalatos: metabolismo e exposição. *Int J Androl.* **31: 131-138.**

Roberts RA, Ganey PE, Ju C, Kamendulis LM, Rusyn I, et al. (2007). Role of the Kupffer cell in mediating hepatic toxicity and carcinogenesis (Papel da célula de Kupffer na mediação da toxicidade hepática e da carcinogénese). *Toxicol Sci.* **96: 2-15.**

Kambia N, Renault N, Dilly S, Farce A, Dine T. (2008) Modelação molecular de ftalatos - Interacções PPARs. *J Enzyme Inhib Med Chem* **23: 611-616.**

Moul, JW (1998). O valor contemporâneo da fosfatase ácida prostática pré-tratamento para prever o estádio patológico e a recorrência em casos de prostatectomia radical. *J. Urol.* **935940.**

Rhodes C., Orton T.C., Pratt I.S., Batten P.L., Bratt P, Jackson S.J., e Elcombe C.R. 1986. Comparative Pharmacokinetics and Subacute Toxicity of Di(2-ethylhexyl) Phthalate (DEHP) in Rats and Marmosets: Extrapolação dos efeitos em roedores para o homem. *Environmental Health Perspectives.* **Vol. 65, pp. 299-308.**

Green R, Hauser R, Calafat AM, Weuve J, Schettler T, Ringer S, Huttner K, Hu H (2005). Utilização de produtos médicos contendo ftalato de di(2-etil-hexilo) e níveis urinários de ftalato de mono(2-etil-hexilo) em bebés de unidades de cuidados intensivos neonatais. *Environ. Health Perspect.* **113:1222-1225.**

ATSDR, Atlanta, GA: (1993). Agência para o registo de substâncias tóxicas e doenças.

OMS (1992). Diethylhexyl Phthalate, *Environmental Health Criteria,* 131, Genebra OMS. **p.141.**

Moody DE, Reddy JK (1978). Phthalate Esters as Peroxisome Proliferator Carcinogens. *Toxicol. Appl. Pharmacol.* **45: 497-504.**

Rusyn I, Peters JM, Cunnigham ML (2006). Modos de ação e efeitos específicos das espécies do di-(2-etil-hexil)ftalato no fígado. *Crit. Rev. Toxicol.* **36: 459-479.**

Satyavati GV, Raina MK (1976). "Medicinal Plants of India" (1) *Indian Council of Med. Res.* Nova Deli, **pp. 80.**

Momin RA, Nair MG (2001). Compostos mosquitocidas, nematicidas e antifúngicos das sementes de *Apium graveolens* L. *J. Agric. Food Chem.* **49:142-145.**

Teng CM, Lee LG, Ko SN (1985). Inibição da agregação plaquetária pela apigenina de *Apium graveolens. Asia Pac. J. Pharmacol.* **3:85-88.**

Atta AH, Alkofahi A (1998). Efeitos anti-nociceptivos e anti-inflamatórios de alguns extractos de plantas medicinais da Jordânia. *J. Ethnopharmacol.* **60: 117-124.**

Lewis DA, Tharib SM, Veitch GBA (1985).A atividade anti-inflamatória do aipo *Apium graveolens* L. *Int. J. Crude Drug Res.* **23:27-32.**

Singh A, Handa SS (1995). Atividade hepatoprotectora de *Apium graveolens* e *Hygrophila auriculata* contra a intoxicação por paracetamol e tioacetamida em ratos. *J. Ethnopharmacol.* **49: 119-126.**

Gayathri NS, Dhanya CR, Indu AR, Kurup PA (2004). Alterações em algumas hormonas por doses baixas de di (2-etil-hexil)ftalato (DEHP), um plastificante comummente utilizado em sacos de armazenamento de sangue em PVC e tubos médicos. *Indian J. Med. Res.* **119:**139-144.

Sultana S, Ahmed S, Jshangir T, Sharma SC (2005).Efeito inibidor do extrato de sementes de aipo na hepatocarcinogénese induzida quimicamente: Modulação da proliferação celular, metabolismo e desenvolvimento alterado de focos hepáticos. *Cancer Lett.* **221:11-20.**

Hamza AA, Amin A (2007). *Apium graveolens* modula a toxicidade reprodutiva induzida por valprote de sódio em ratos. *J. Exp. Zool. Part A: Ecological Genetics and Physiology* **307:799-206**.

Verma, S.R., Tonk, I.P., Dalela, R.C. (1982). Efeitos de alguns xenobiots em três fosfatases de *Saccobranchus fossilis* e o papel do ácido ascórbico na sua toxicidade. *Toxicol. Lett.* **10 (2-3):** 287-92.

Bisson, M., Hontela, A. (2002). Potencial citotóxico e de desregulação endócrina da atrazina, do diazinão, do endossulfão e do mancozebe nas células esteroidogénicas adrenocorticais da truta arco-íris exposta in vitro. *Toxicol. Appl. Pharmacol.* **180 (2):** 110 - 7.

Gupta, A.K. e Dhillon, S.S. (1998). O efeito de alguns xenobióticos em certas fosfatases no plasma de *Clarias batrachus* e *Cirrhina mrigala*. *PMID: 6298978* [Pub Med-indexed for MEDLINE].

Dorval, J., Leblond, V.S. e Hontela, A. (2003). Stress oxidativo e perda de secreção de cortisol em células adrenocorticais de truta arco-íris *(Oncorhynchus mykiss)* expostas *in vitro* ao endosulfan, um pesticida organoclorado. *Aquat. Taxicol.* **63 (3):** 229 - 241.

Tripathi, G. e Verma, P. (2004). Alterações bioquímicas mediadas pelo endosulfan no peixe de água doce *Clarias batrachus. Biomed Environ. Sci.* **17 (1):** 47-56.

Karmen, A., Wroblewski, F., Ladue, JS. (1955). Atividade das transaminases no sangue humano. *The Journal of Clinical Investigation.* **34(1):** 126-31.

Ladue, JS., Wroblewski, F., Karmen, A. (1954). Atividade da transaminase glutâmica oxaloacética sérica no enfarte agudo do miocárdio transmural humano. *Science.* **120 (3117):** 497-9.

Kirsch, J.F., Eichele, G., Ford, G., Vincent, M.G., Jansonius, J.N., Gehring, H. (1984). Mecanismo de ação da aspartato aminotransferase proposto com base na sua estrutura espacial. *J Mol Biol.* **174 (3):** 497-525.

Berg, J.M., Tymoczko, J.L., Stryer, L. (2006). Biochemistry. *W.H. Freeman.* **pp.** 656660.

Karmen, A., Wroblewski, F., Ladue, J.S. (1955). Atividade das transaminases no sangue humano. *The Journal of Clinical Investigation.* **34 (1):** 126-31.

Popovic M, Kaurinovic B, Trivic S, Mimica-Dukic N, Bursac M (2006). Efeito dos Extractos de Aipo *(Apium graveolens)* em Alguns Parâmetros Bioquímicos de Stress Oxidativo em Ratos tratados com Tetracloreto de Carbono. *Phytother. Res.* **20:** 531-537.

Wang, C.S., Chang, T.T., Yao, W.J., Wang, S.T., Chou, P. (2012). Impacto do aumento dos níveis de alanina aminotransferase dentro da faixa normal no diabetes incidente. *Jornal da Associação Médica de Formosan Taiwan Yi Zhi.* **111 (4): 201-8.**

Holmes, R.S., Goldberg, E. (2009). Computational analyses of mammalian lactate dehydrogenases: human, mouse, opossum and platypus LDHs. *Biologia Computacional e Química.* **33 (5):** 379-85.

Kind PRN, King EJ (1954). Estimativa da fosfatase plasmática por determinação do fenol hidrolisado com antipirina. *J. Clin. Pathol.* **7:**322-326.

Reitman S, Frenkel AS (1957). Um método calorimétrico para a determinação das transaminases glutâmico-oxaloacetato e glutâmico-pirúvico séricas. *Am. J. Clin. Pathol.* **28:** 56-63.

Wroblewski, F; La Due, JS (1975). Atividade da LDH no sangue. *Proc. Soc. Exp. Biomed.* **90:** 210- 215.

Singh S. N. e Kanungo M. S. (1968). Alterações na Lactato Desidrogenase do Cérebro, Coração, Músculo Esquelético e Fígado de Ratos de Várias Idades. *The Journal Of Biological Chemistry* **Vol. 243(17),** 4526-9.

Sakurai T, Miyazawa S, Hashimoto T (1978). Efeitos da Administração de Di-(2-Etil-hexil)ftalato no Metabolismo de Hidratos de Carbono e Ácidos Gordos no Fígado de Rato. *J. Biochem.* 83: 313-320.

Yanagita T, Satoh M, Enomoto N, Sugano M (1987). O di(2-etil-hexil)ftalato aumenta a síntese de fosfolípidos hepáticos em ratos. *Biochim. Biophys. Ata.***919**:64-70.

Fasano E, Bono-Blay F, Cirillo T, Montuori P, Lacorte S (2012) Migração de ftalatos, alquilfenóis, bisfenol A e adipato de di(2-etil-hexilo) de embalagens de alimentos. *Food Control* **27:** 132-138.

Scenihr (2007) Preliminary report on the safety of medical devices containing DEHP-plasticized PVC or other plasticizers on neonates and other groups possibly at risk. *Amer. J. Med. Sc.* **338:** 310-318.

Latini G, Ferri M, Chiellini F (2010) Degradação de materiais em dispositivos médicos de PVC, lixiviação de DEHP e resultados neonatais. *Curr Med Chem* **17:** 2979-2989.

Wormuth M, Scheringer M, Vollenweider M, Hungerbühler K (2006) Quais são as fontes de exposição a oito ésteres de ácido ftálico frequentemente utilizados nos europeus? *Risk Anal* **26:** 803-824.

Ito Y, Yokota H, Wang R, Yamanoshita O, Ichihara G, et al. (2005) Species differences in the metabolism of di(2-ethylhexyl) phthalate (DEHP) in several organs of mice, rats, and marmosets. *Arch Toxicol* **79:** 147-154.

Calafat AM, McKee RH (2006) Integrar os dados de exposição da biomonitorização no processo de avaliação dos riscos: os ftalatos [ftalato de dietilo e ftalato de di(2-etil-hexilo)] como um estudo de caso. Environ *Health Perspect* **114:** 1783-1789.

Roberts RA, Ganey PE, Ju C, Kamendulis LM, Rusyn I, et al. (2007) Role of the Kupffer cell in mediating hepatic toxicity and carcinogenesis. *Toxicol Sci* **96: 2-15.**

Wittassek M, Angerer J (2008) Phthalates: metabolism and exposure (Ftalatos: metabolismo e exposição). *Int J Androl* **31: 131-138.**

Takashima K, Ito Y, Gonzalez FJ, Nakajima T (2008) Mecanismos diferentes de tumorigénese de adenoma hepatocelular induzida por DEHP em ratos de tipo selvagem e Ppar alfa-nulo. *J Occup Health* **50: 169-180.**

Khalik AA, Nosseir N, Salah M K, Tawfik M K (2007) Histological and Electron Microscopic Study of the Postulated Protective Role of Green Tea Against DEHP Liver Toxicity in Mice. *Afr J Health Sci* **14:**19-36.

Kambia N, Renault N, Dilly S, Farce A, Dine T. (2008) Modelação molecular das interacções ftalatos - PPARs. *J Enzyme Inhib Med Chem* **23: 611-616.**

Jepsen KF, Abildtrup A, Larsen ST (2004) Os monoftalatos promovem a produção de IL-6 e IL-8 na linha celular epitelial humana A549. *Toxicol In Vitro* **18: 265-269.**

Rizvi AA (2009) Cytokine biomarkers, endothelial inflammation, and atherosclerosis in the metabolic syndrome: emerging concepts. *Am J Med Sci* **338: 310-318.**

EFSA (2005) Opinion of the Scientific Panel on Food Additives, Flavourings, Processing Aids and Materials in Contact with Food (AFC) on a request from the Commission related to Bis(2-ethylhexyl)phthalate (DEHP) for use in food contact materials. *The EFSA Journal* **243:**1-20.

Zhuravleva E, Gut H, Hynx D, Marcellin D, Bleck CK, et al. (2012) A acil coenzima A tioesterase Them5/Acot15 está envolvida na remodelação da cardiolipina e no desenvolvimento do fígado gordo. *Mol Cell Biol* **32: 2685-2697.**

Bocci G, Fasciani A, Danesi R, Viacava P, Genazzani AR, et al. (2001) *Invitro* evidence of autocrine secretion of vascular endothelial growth fator by endothelial cells from human placental blood vessels. *Mol Hum Reprod* **7**: 771- 777.

Kim NY, Kim TH, Lee E, Patra N, Lee J, et al. (2010) Papel funcional da fosfolipase D (PLD) na hepatotoxicidade induzida pelo di(2-etil-hexil) ftalato em ratos Sprague-Dawley. *J Toxicol Environ Health* **73**: 1560-1569.

Zimmermann A (2004) Regulação da regeneração do fígado. *Nephrol Dial Transplant 19 Suppl* **4: (iv)** 6-10.

Michalopoulos GK (2007) Liver regeneration. *J Cell Physiol* **213**: 286-300.

Lugli A, Tornillo L, Mirlacher M, Bundi M, Sauter G, et al. (2004) Hepatocyte paraffin 1 expression in human normal and neoplastic tissues: tissue microarray analysis on 3,940 tissue samples. *Am J Clin Pathol* **122**: 721-727.

Butler SL, Dong H, Cardona D, Jia M, Zheng R, et al. (2008) O antigénio do anticorpo Hep Par 1 é a enzima do ciclo da ureia carbamoil fosfato sintetase 1. *Lab Invest* **88**: 7888.

Chu PG, Ishizawa S, Wu E, Weiss LM (2002) Hepatocyte antigen as a marker of hepatocellular carcinoma, an immunohistochemical comparison to carcinoembryonic antigen, CD 10 and alpha-fetoprotein. *Am J Surg Pathol.* **26**: 978-988.

van Sprundel RG, van den Ingh TS, Desmet VJ, Katoonizadeh A, Penning LC, et al. (2010) A queratina 19 marca uma diferenciação deficiente e um comportamento mais agressivo em tumores hepatocelulares caninos e humanos. *Comp Hepatol* **9**: 4.

Lewis DA, Tharib SM, Veitch GBA (1985). A atividade anti-inflamatória do aipo *Apium graveolens* L. *Int. J. Crude Drug Res.* **23:27-32.**

Lowry OH, Rosenbrough MJ, Farr AL, Randall RJ (1951). Medição de proteínas com o reagente folina-fenol. *J. Biol. Chem.* **193**: 256-275.

Printed by Books on Demand GmbH, Norderstedt / Germany